数学简史丛书

Pioneers in Mathermatics

# 数学是怎么诞生的

## How was mathematics born

[美] 迈克尔·J·布拉德利 ——— 著

陈 松 ——— 译

上海科学技术文献出版社

Shanghai Scientific and Technological Literature Press

**图书在版编目（CIP）数据**

数学是怎么诞生的／（美）迈克尔·J. 布拉德利著；
陈松译 . —上海：上海科学技术文献出版社， 2023（2024.11重印）
（数学简史丛书）
ISBN 978-7-5439-8779-1

Ⅰ . ①数… Ⅱ . ①迈…②陈… Ⅲ . ①数学史—
世界—普及读物　Ⅳ . ① O11-49

中国国家版本馆 CIP 数据核字（2023）第 033334 号

Pioneers in Mathematics: The Birth of Mathematics: Ancient Times to 1300

图字：09-2021-1009

选题策划： 张　树
责任编辑： 王　珺
封面设计： 留白文化

---

**数学是怎么诞生的**
SHUXUE SHI ZENME DANSHENG DE
[美]迈克尔·J. 布拉德利　著　陈　松　译
出版发行：上海科学技术文献出版社
地　　址：上海市淮海中路 1329 号 4 楼
邮政编码：200031
经　　销：全国新华书店
印　　刷：商务印书馆上海印刷有限公司
开　　本：650mm×900mm　1/16
印　　张：9
字　　数：100 000
版　　次：2023 年 5 月第 1 版　2024 年 11 月第 2 次印刷
书　　号：ISBN 978-7-5439-8779-1
定　　价：35.00 元
http://www.sstlp.com

# 目 录

# 前　言

　　人类孜孜不倦地探索数学。在数字、公式和公理背后，是那些开拓人类数学知识前沿的先驱者的故事。他们中有一些人是天才儿童，有一些人在数学领域大器晚成。他们中有富人，也有穷人；有男性，也有女性；有受过高等教育的，也有自学成才者。他们中有教授、天文学家、哲学家、工程师，也有职员、护士和农民。他们多样的背景证明了数学天赋与国籍、民族、宗教、阶级、性别以及是否残疾无关。

　　《数学是怎么诞生的》记录了10位在数学发展史上扮演过重要角色的数学大师的生平。这些数学大师的生平事迹和他们的贡献对初高中学生很有意义。总的来看，他们代表着成千上万人多样的天赋。无论是知名的还是不知名的，这些数学大师都在面对挑战和克服障碍的同时，不断地发明新技术，发现新观念，扩展已知的数学理论。

　　本书讲述了人类试图用数字、图案和等式去理解世界的故事。其中一些人创造性的观点催生了数学新的分支；另一些人解决了困扰人类很多个世纪的数学疑团；也有一些人撰写了影响数学教学几百年的教科书；还有一些人是在他们的种族、性别或者国家中最先因为数学成就获得肯定的先驱。每位数学家都是突破已有的基础、使后继者走得更远的创造者。

从十进制的引入到对数、微积分和计算机的发展，数学历史中最重要的思想经历了逐步的发展，每一步都是无数数学家个人贡献的积累。很多数学思想在被地理和时间分隔的不同文明中独立地发展。在同一文明中，一些学者的名字常常遗失在历史中，但是他的某一个发明却融入了后来数学家的著述中。因此，要准确地记录谁是某一个定理或者某一个思想的确切首创者总是很难的。数学并不是由一个人创造，或者为一个人创造的，而是整个人类求索的成果。

# 阅读提示

在20个世纪之中,来自不同文明社会的学者提出了很多数学思想,这些数学思想标志着基础的算数、数论、代数学、几何学和三角理论的创立,也标志着天文学和物理学中一些相关科学的创立。

在公元前1000多年中,古希腊的学者们经过长期研究,对实践和数学理论相结合的科学体系的发展起到了巨大推动作用,使之更加趋于完整。在公元前7世纪,米利都学派的泰勒斯(Thales of Miletus)提出了人类历史上最早的几何定理证明。一个世纪以后,萨摩斯学派的毕达哥拉斯(Pythagoras of Samos)在他创建的学校里,和他的追随者们研究包括完全数、直角三角形三边长的关系(勾股定理)以及5种正多面体的问题。在公元前3世纪,亚历山大学派的欧几里得(Euclid of Alexandria)写出了《几何原本》(Elements),在此后差不多2000年的时间中,这本书一直被奉为几何学研究必须遵守的范例。叙拉古学派的阿基米德(Archimedes of Syracuse)使用创新的几何学方法估算出周长、面积和体积,确定了圆的切线,还研究出了三等分角的方法。4世纪,为了保存和提高希腊早期学者的研究作品，亚历山大学派的希帕提亚（Hypatia of Alexandria）写下了对这些作品的注释，就目前所知，她是历史上第一个写作和教授高等数学的女性。

印度历代的数学家们在数学的各种分支学科中也发展了各种先进的思想和技术，这一时期最早的两个印度学者是阿里耶波多（Aryabhata）和婆罗摩笈多（Brahmagupta）。6世纪，阿里耶波多提出了一个按字母顺序排列的符号系统，用来描述一些大数；同时他还提出了估算距离、确定面积和计算体积的方法。7世纪，婆罗摩笈多提出了负数的演算规则，还提出了利用迭代法计算角的正弦值和平方根的运算法则。

在接下来的6个世纪中，来自阿拉伯的数学家们进一步拓展了希腊和印度学者的发现。9世纪，数学家穆罕默德·花剌子米（Mohammed ibn musa Al-khowarizmi）在已知最早的代数学课本中系统论证了一元二次方程的解法。11世纪，奥马·海亚姆（Omar Khayyam）发展了解决代数学方程的几何方法并详述了欧几里得关于比率的理论。

13世纪，意大利的列奥纳多·斐波那契（Leonardo Fibonacci）写了一本介绍印度和阿拉伯学者发展的以10个数字为基础的算术系统和运算法则的书。他的书是为数不多的关于算术和计算法则的作品，这些作品使西欧人对希腊数学重新产生了兴趣，同时也使他们对采用印度和阿拉伯的记数系统表示信服。

# 一 泰勒斯

（约公元前625—公元前547，米利都学派）
## 对几何理论最早的证明

在希腊神话占据着人们思想的那个世界中，米利都学派的泰勒斯（Thales of Miletus）却把对自然哲学的研究变成了一门独立的学科。他对几何学中5个定理的证明给数学带来了逻辑理论的概念；作为一个天文学家，他成功预言了一次日食的出现，还通过对天上星辰的观察改进了当时已经存在的航海技术。他对一些实际的问题总有自己

米利都学派的泰勒斯证明了最早的几何学定理（格兰杰收藏馆）。

一套独创的解决办法，例如如何测量金字塔的高度、发现驴过河摔倒的秘密、解决河与船的距离问题等等，这些巧妙的解决方法使泰勒斯在古代希腊很快就成为妇孺皆知的人物。

**早年生活**

关于泰勒斯的出生日期，历史记录中一直存在争议，目前主要有公元前641年和公元前625年这两种说法，但后者因为显得更为准确而更能被大众所认可。他出生于米利都（Miletus），这是一个位于爱琴海边的小城，现在属于土耳其爱奥尼亚（Ionia）的希腊省，从这里往西320千米就到了海岸边，可以看到大海对面的雅典。米利都是一个海港城市，连接地中海地区与印度以及近东其他国家的贸易道路就从这里经过，地理位置十分优越。当泰勒斯离开家乡在外面游历的时候，就被人们称为米利都学派的泰勒斯。

对于泰勒斯的家庭和早年的生活，我们所知甚少。目前可知的是，他的母亲克里奥布琳（Cleobuline）和他的父亲埃克姆耶斯（Examyes）都来自贵族家庭，但对于他们的事业和成就我们并不了解。泰勒斯年轻的时候，游历于埃及和巴比伦（现代的伊拉克地区），由于自己对天文学、数学和科学浓厚的兴趣而四处奔走。他学会了埃及人用几何技术测量距离的方法，还跟他们学会了利用小块农田计算面积的方法，另外，他还学得了巴比伦人的天文学和60进制记数系统的使用方法。

 **自然哲学家**

公元前590年左右，泰勒斯返回米利都，创办了爱奥尼亚哲学学校。在这所学校里，泰勒斯给学生们讲授科学、天文学、数学和哲学等科目的知识。在哲学课上，他与学生共同分享他对生命意义的感悟和对智慧的热爱。他始终强调提问的重要性，特别是要多问"为什么"，他还总是会强调这样的观点，即在这个世界上，无论在什么领域的研究中，无论是什么工作，都可以被一套潜在的、合乎逻辑的理论解释得清清楚楚、条理分明。

当时，希腊人都相信他们的生命活动是由众多天神的行为所支配的。根据他们的神话传说，农神得墨忒耳（Demeter）掌管农作物和动物的生长；酒神狄厄尼索斯（Dionysus）决定酒品尝起来是甜的还是苦的；爱与美的女神阿芙洛狄特（Aphrodite）使人们坠入爱河；战神阿瑞斯（Ares）则决定着战争的胜负。但泰勒斯并不能接受这个事实，他觉得用这些神的故事来解释事物发生的原因是荒谬的。那么为什么这个世界是这样运行的呢？他相信一定能找到一些自然的原因来解释。

就像他那个时代的人们所理解的那样，泰勒斯也认为我们的陆地是一个大圆盘，而这个圆盘则是漂浮在一个充满水的汪洋大海上的。根据一个希腊神话的描述，在这片陆地下的海洋中生活着海神波塞冬（Poseidon），当他生气的时候就会震动地面，这样就引发了地震。为了寻找一个更合乎逻辑也更自然的解释，泰勒斯是这样进行推理的：如果海浪可以使船前后摇摆，那么陆地下面海洋的波浪不断从下面反推地面也就会使地面震动。他把这个理论传授给他的学生，并且鼓励他们给别的物理现象也寻找一些相似的解释。

虽然泰勒斯关于地震起因的理论并不正确，但是他努力探寻物理现象背后的自然原因的思想，他不轻易迷信那些超自然的玄妙解释的精神，的确给人类探索世界的奥秘开辟了一条崭新的道路。他对自然解释的不懈追求和将事物的因与果统一起来的理论，被后人称为自然哲学。亚里士多德（Aristotle）在他的《形而上学》（*Metaphysics*）一书中，尊称泰勒斯为爱奥尼亚自然哲学的创始人。通过对解释物理现象的自然法则的努力探索，泰勒斯为科学的发展铺平了道路。

## 对数学定理最早的证明

在泰勒斯的学校里，他告诉学生们，数学思想并不仅仅是一堆互不相关的规则的集合，它们互相之间是存在逻辑上的关联的。他同时还认为，一些数学上的结论之所以正确，并不能简简单单地归因于它们与我们的生活经验相符合，其中必然还有更加深刻的原因。泰勒斯探索出了一整套基本理论和基本逻辑来帮助他的研究，使他能够以这些理论为基础，从其中推演出所有的数学定理和规则，他称这些基本理论为公理和公设。通过一定逻辑上的论证，能够从这些公理和公设中得到的一些特殊结论，称为定理，而这个逻辑推理的过程则被称为证明。

泰勒斯证明了5个定理，这5个定理都与圆和三角的几何特性有关。这些结论虽然被公认是正确的，但在泰勒斯之前并没有人解释过为什么它们是正确的，是泰勒斯告诉了人们，这些定理是如何通过逻辑上的推演，在基本几何公理的基础上得到的。

以下就是泰勒斯所证明的5个定理：

1. 任何一条通过圆心的直线都将圆分割成面积相等的两部分。换句话说，就是"直径平分圆周"。

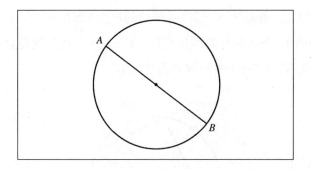

2. 如果一个三角形的两条边长度相等，那么与这两条边相对的两个角的角度也相等。也就是说，"等腰三角形的底角相等"。

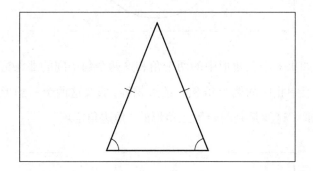

3. 如果两条直线相交，那么其中任意两个相对的角相等。简而言之，就是"两直线相交，对顶角相等"。

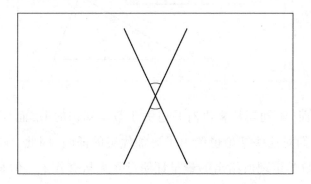

4. 如果三角形的三个顶点（即角的顶点）都在一个圆上，同时三角形其中的一条边恰好是圆的直径，那么这个三角形就是直角三角。换句话说，就是"对半圆的圆周角是直角"。

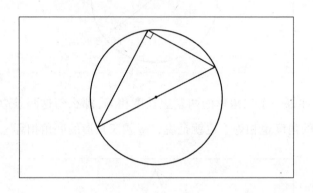

5. 如果一个三角形中的两个角和这两个角中间的那条边与另一个三角形中相应的两个角和一条边相等，那么这两个三角形是全等的三角形。这就是判断全等三角形的"角边角定理"。

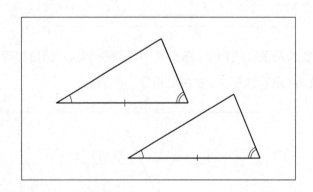

然而，泰勒斯从来没有写过关于数学知识的书，而且后世的数学家们对这些结论也给出了更加优美的证明，因此，泰勒斯对这5个数学定理所给出的最早证明已经无从查找了。但是，是泰

勒斯最早提出了"数学定理必须要被证明"的观点,这一观点对重新定义数学的本质产生了深远影响。数学,这一在此之前早已沦为一堆测量技术和计算规则简单拼凑起来的学科,变成了一个充满理性分析的科学体系,焕发出了强大的生命力。泰勒斯一直强调要从基本定理通过理性分析得到逻辑上的推论,这种解决问题的方法,也成为研究和利用几何知识的本质,同时也成为数学所有分支学科的基本特征留存至今。

## 天文学中的发现

泰勒斯除了是一位著名的哲学家和数学家以外,还是一位出色的天文学家。公元前585年,他曾准确预言了一次日全食的发生。通过阅读古巴比伦天文学家多年来保存的记录,泰勒斯有足够的能力来确定月球何时会从太阳的前面通过,从而确定他们这个地方的阳光将被遮蔽的时间。他所具备的预言此类事情的发生和解释其中原因的能力,使他的希腊同胞们感到无比惊奇,而在当时普遍的共识是认为太阳的消失意味着神在表达对人类的愤怒。因此在泰勒斯的一生中,相对于其他方面的成就来说,对此类事件精确预报的能力自然要显得著名得多。

夏至是一年中白天最长的一天,而春分和秋分则是一年中昼夜平分的日子,是泰勒斯提出了预报和解释这几个日子的理论。有些历史学家认为他曾写了一本天文学方面的书,专门介绍日食、冬至、夏至和春分、秋分,但至今还没有找到这本书的任何一个版本。

除了研究太阳,泰勒斯还观察星空。古希腊人已经可以识别很多星星，并且按照形状把这些星星分组，就产生了星座。他们根据这些星座的形状把它们比作各种各样的动物和人物，为这些星座起了不同的名字，比如天蝎座、水瓶座、狮子座和双子座等，又根据其中12个星座的名字来命名它们所对应的月份，进而发展出了一套被称为占星学的复杂理论，这套理论可以根据人们出生时黄道十二宫图的指示，解释他们的性格和命运是如何被上天所决定的。但泰勒斯并不相信占星术，他真正感兴趣的是如何利用星座的位置来帮助航海的水手们确定他们所在的方位，进而指导他们寻找到自己的目的地。大熊星座，也就是我们通常所说的北斗七星，是希腊水手们之前在航行中使用的主要导航之一。泰勒斯提出了一个新的星座：小熊星座，它也被称为"小北斗"，他建议水手们依靠这个星座来指引他们的航行。这个星座由6颗恒星组成，其中包括天空中最亮的星星之一——北极星，用它来确定天空中的位置更为可靠。在一本名为《导航之星》（The Nautical Star Guide）的关于航海的书中，我们可以看到这样的建议，虽然也许是泰勒斯提出了这一理论，但学者们却认为这本书是与泰勒斯生活在同一时期的萨摩斯学派的福科斯（Phokos of Samos）所著的。

 **别出心裁解决实际问题**

泰勒斯的著名学者的名声广为传播，无论他走到哪里，当地的人们都会请求他帮助解决一些难题。有一次泰勒斯来到埃及，法老听说泰勒斯来了，就让他来帮忙确定一座金字塔的高度。正当他努力思考解决这个问题的方法的时候，他突然发现，在一天里不同的

泰勒斯用测量金字塔影子长度的办法来确定金字塔的高度。

时候，阳光下物体影子的长度是不一样的。他推测，当他自己影子的长度和他本人的身高相等的时候，金字塔影子的长度也应该和它自身的高度相等。通过使用这个简单的定理，他成功地确定了金字塔的高度。

　　有一次，希腊的克罗伊斯（Croesus）将军的军队来到了哈利河（Halys River）边，这条河实在太宽了，根本无法架桥通过，河水又很深，也不能直接行军通过，克罗伊斯将军就去征求泰勒斯的建议，让他帮助军队过河。思索片刻之后，泰勒斯让将军带领他的人马和所有装备来到河堤上，然后，他让士兵在他们背后的地上沿着河水流淌的方向挖掘出一条运河。当运河的两端与河相通时，大部分河水就从原来的河道里流到军队后面的运河里，当河水流到更远处的下游的时候，又会流回原来的河道。这样的话，原来河里的水自然而然就变浅了，将军的军队就能很容易地从浅浅的河水中行军而过了。

商人和水手很想找到一种方法来确定船和岸的准确距离，揣着这样的困惑，他们也找到了泰勒斯。对一艘正在离开或者驶入港口的船，一般他们都站在岸边目测，根据船在人眼中的大小来估算船的远近，但仅仅这样的估算无法满足他们的需要，他们很想找到一种更加直观的方法来精确计算船的距离。泰勒斯利用他掌握的相似三角形的知识，提出了一套准确计算这一距离的方法。所谓的相似三角形就是三个角都相等但是大小不等的一系列三角形，泰勒斯认为，如果两个三角形是相似三角形，那么其中一个三角形的两条边长的比值和另一个三角形相对应的两条边长的比值是相等的。

下面所附的图例可以进一步阐释泰勒斯测量的技术方法。从岸上的两点（图中标为 A 和 B）可以观察到船的位置，通过 A 点作一条直线，这条直线与 A 向船方向眺望的视线相垂直，然后过 B 点作一条直线，使这条直线与刚才作的那条直线相垂直，这两条新作的直线和从 A、B 两点眺望船的视线就形成了两个相似的三角形。根据岸上的四条边的长度，就可以通过计算相应边长的比例来计算出船的距离。这些商人和水手们都很擅长测量

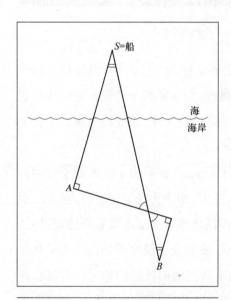

泰勒斯提出了一种几何学方法来确定海上船只和岸边的距离。

长度与直角,所以他们都觉得这种方法很便于使用,也很有价值。

 **关于泰勒斯的传说**

　　关于泰勒斯的传说很多很有趣,这些传说保持和夸大了这个人的伟大,即便如此,这其中的一些传说也并不都是空穴来风。著名哲学家亚里士多德就曾经讲过一个故事,给我们展现了泰勒斯过人的商业头脑,对这个世界细致入微的观察除了帮助他研究自然科学以外,也可以帮助他完成一次聪明的交易。橄榄是希腊的一种很重要的农作物。希腊人除了日常食用橄榄以外,还将橄榄碾碎榨取橄榄油,他们用橄榄油做饭、点灯,甚至还把橄榄油当作护肤品涂抹使用。泰勒斯通过长期观察,发现那几年当地的气候条件不适合橄榄的生长,但他断定这种糟糕的气候条件并不会持续很长时间,于是他走访了一些橄榄种植园,愿意买下他们用来榨取橄榄油的设备。那些急需用钱的农民自然就把自己的榨油设备卖给了泰勒斯。泰勒斯买下榨油设备那年的气候条件出奇的好,橄榄长势很好。到橄榄大丰收该榨橄榄油的时候,泰勒斯再把榨油的工具出租给之前把这些设备卖给他的那些人,一下子就挣了很多很多钱。此后不久,他又以一个合理的价格把这些设备卖给了橄榄种植户。通过这件事情,泰勒斯告诉大家,哲学家是有智慧的人,如果他想赚钱的话,可以比别人赚得多,但他有更重要的事情要做,有更乐于追求的东西要去追求。

　　还有一个有趣的故事,讲的是泰勒斯和一头专门从盐矿运盐的驴之间发生的事情。故事发生在一个盐矿上,平时工人们把盐从矿里挖出来，铲到麻袋里，再把麻袋放到运盐的驴的背上，然后这些驴要走几千米的路程把盐运到海岸上，最后在那里的工人们把盐从驴背上卸下来放到运货的船上，整个采盐过程就算完成了。但在运盐的路上，驴子们要趟过一条浅浅的小河，故事就是由这条小河引起的。有一次过河的时候，其中一头驴不小心绊倒摔进了河里，在它躺在河里的时候，大部分盐都被河水溶化了，当它再爬起来的时候，背上的负荷顿时轻了不少，这使得它接下来的运送过程变得轻松了许多。从此以后，每当这头驴过河的时候，它都会故意在河里摔倒，这样背上的盐就会少一点，接下来要背的重量也就比一开始要轻许多。盐矿的矿主感到很奇怪，请来医生给这头驴做个检查，看看它是不是有一条腿受伤了。但是直到最后还是没有人知道驴为什么每次都会在河里失足摔倒，盐矿主只得找到泰勒斯来帮忙。泰勒斯仔细观察了几天，很快就明白了驴是为了减轻背上的负担才故意在河里摔倒的。第二天，泰勒斯用海绵替换了盐塞在麻袋里，让驴背着一堆海绵上路了。这一次，当驴在河里再次摔倒时，背上的海绵吸饱了水，一下子变重了许多。在背了几天沉重的湿海绵之后，这头自作聪明的驴就改掉了以前的坏习惯，再也不会故意在河里摔倒了。

　　希腊著名的哲学家柏拉图也曾讲过一个泰勒斯的故事。有一次，泰勒斯正在路上边走边看着星空，但他并没有注意到自己的脚下，结果一不小心就掉进了路边的井里。一个小女孩正好走了过来，发现井里的泰勒斯没办法从这个很深的井底爬出来。当他告知小女孩他的身份和刚才发生的事情之后，女孩就忍不住开始嘲笑这个所谓的智者，嘲笑他对观察他头顶遥远的星空是如此投入，却对发生在自己脚边、近在咫尺的事情一无所知。柏拉图讲述这个故事是为了嘲笑那些不切实际的哲学家——他们有着丰富的理论知识，却干不了一件看似极其简单的事情。

但是别的历史学家所讲述的另一个泰勒斯和井的故事与上面这个故事则不同,似乎更能让人信服。在这个故事里,泰勒斯是自己主动爬到井底下的,因为他认为这样可以更好地观察星空。从井下观察星空,月亮和一些星星的光亮都被井壁挡住了,这使得泰勒斯可以更好地观察他所要研究的那部分天空的星星,这么看来他完全有理由自己爬到井下。

## 结语

泰勒斯大约在公元前547年去世,终年78岁。在他的一生中,他开创了对自然哲学的研究,革新了数学学科的内容,还对天文学作出了不朽的贡献。他是著名的哲学家、数学家、天文学家和解决问题的智者,享誉整个希腊世界。在各种传奇的故事里,他都无一例外成为受人瞩目的主角,这使得他的名字和今天的爱因斯坦一样几乎成为"天才"的代名词。

泰勒斯对数学和科学的主要影响是确立了理论基础和逻辑证明的重要地位。他的自然哲学理论提出了任何物理现象都有自然解释的观点,并且这些现象之间都被一些潜在的规则联系在一起。通过对几何学定理最早的证明,泰勒斯建立起了这一学科的逻辑架构,并把证明的概念带进了数学研究中。如果没有这些思想,也就不可能有现代的科学和数学理论,那么,科学和数学就依然只是一堆常识的简单集合,那将成为一种没有理论支持的工作,人们将简单重复着前人的脚步,却仍然无法获知事物运行的规律。

# 二 毕达哥拉斯

（约公元前560—公元前480，萨默斯学派）
**证明了直角三角形定理的古希腊人**

萨默斯学派的毕达哥拉斯在数论和几何学中有了最早的发现（图片工作室）。

萨默斯学派的毕达哥拉斯（Pythagoras of Samos）是古希腊的数学家和宗教领袖。通过领导最早的数论研究，他证明了被他称为"完全数""友好数""奇数"和"三角形数"的一系列数字的基本性质。他同时还发现了一些构成音乐理论基础的数学比例，并且认为这样的比例在天文学中也同样存在。他给出了毕达哥拉斯定理的最早的证明，这是一个关于直角三角形三边长关系的定理，根据这个定理，他又很自然地发现了无理数。他阐述的有关5种正多面体的理论显示了当时希腊文化的基本特色，那就是神秘主义和数学理论的奇妙融合。

## 第一个学生是花钱请来学习的

关于毕达哥拉斯的生卒年份和他一生中重要事件发生的日子，公元前3—5世纪的历史学家、数学家和哲学家的记录中存在着严重的分歧，各种记录中记载的日期之间有20多年的差距。这些原始资料显示，毕达哥拉斯出生于公元前584至公元前560年之间，他的故乡是距离爱奥尼亚（现在的土耳其）海岸不远的萨默斯（Samos）岛。虽然它位于雅典以东240千米的爱琴海中，但在当时，萨默斯仍然是一个属于希腊人的殖民地。毕达哥拉斯生活的时代正是希腊的黄金时期，萨默斯岛则是当时的一个繁荣的海港和学习的中心。

关于毕达哥拉斯家庭情况的介绍十分简略。他的父亲姆奈萨尔克（Mnesarchus）是一个旅行商人，母亲皮塞斯（Pythais）抚养了毕达哥拉斯和两个哥哥。很小的时候，毕达哥拉斯就在算术和音乐上显示出了过人的天赋，这两方面兴趣也成为陪伴他整整一生的最大的爱好。当时希腊伟大的数学家泰勒斯就生活在离毕达哥拉斯家乡不远的米利都城，在泰勒斯的教导下，毕达哥拉斯开始深入学习数学和天文学。20岁的时候，他来到埃及和巴比伦尼亚（现在的伊拉克）游学，在那里他认真学习了数学、天文学和哲学——研究生命意义的科学。

历史上流传着很多关于毕达哥拉斯的传说，其中有一个讲述他是如何成为老师的。毕达哥拉斯从外面游学回到萨默斯的时候并没有任何教学经验，一开始他连一个学生都招收不到。但他又非常渴望将自己的学问和思想传授给别人，情急之下，他居然愿意付钱给一个小男孩让他成为第一个学生。每天他都和男孩在路上相见，给男孩讲授当天的课程，同时付给男孩当天的报酬。直到有一天，毕达哥拉斯花光了所有的积蓄，他不得不告诉男孩他们之前约定的课程该结束了，可是没想到男孩已经很喜欢听毕达哥拉斯讲课了，表示愿意付钱给毕达哥拉斯请他继续做老师。

 ## 神学与数学交织的毕达哥拉斯学会

公元前529年，毕达哥拉斯搬到了意大利南部的克罗顿（Croton）城，在那里，他创立了一所被称为毕达哥拉斯学会的成人学校。他把学校的学生按性别分成了两组。去听他演讲的学生，确切地说是"听众"，都只许聆听不许提问。在学习了5年宗教和哲学以后，优秀的听众将加入高级学生组里继续学习，这时候这些学生们已经拥有了足够的知识去提出自己的问题，表达自己的观点。他们开始研究更广泛的课题，包括天文学、音乐和数学。由于毕达哥拉斯对算术和几何重要性的反复强调，"数学家"这个词最终成为"研究数学的人"的称谓。

作为毕达哥拉斯学会的成员，毕达哥拉斯的学生们遵循着严格的行为准则，这些行为准则反映出其创立者坚定的信仰。因为毕达哥拉斯信仰轮回说，他相信人死了以后会转世投胎成不同的动物，所以他一直坚持吃素食，爱护各种动物，甚至从来不穿毛皮做成的衣物。他们从来不吃豆子或者触碰白色公鸡，因为在他们眼中这两者都是神圣的象征。毕达哥拉斯学会的人都很推崇慷慨和平等，他们分享财富，也允许女性平等地参与到他们的学习和教授中来。毕达哥拉斯学会由于其成员的大量新发现而获得了很高的荣誉，但遗憾的是没有关于他们活动、教学和成就的详细记录资料保存下来。

"万物皆数"这句名言揭示了毕达哥拉斯的哲学观点,他认为世界的基本属性是数。他告诉学生,每个数字都有其特别的性质,这些性质决定了世上一切事物的特质和表现。"1"并不能被简单地认为是一个数,它体现了所有数的特质;"2"代表了女性以及观点的差异;"3"代表了男性和认同的和谐;"4"可以形象化地理解成一个正方形,它的四个角和四条边都相等,代表了一种平等、公正和公平;"5"是"3"与"2"的和,代表了男人与女人的结合,也就是婚姻。通过诸如"公平和公正"以及"一次公平的交易"等言论可以看出,毕达哥拉斯的思想已经成为希腊语言和文化中最常用的一部分了。

数字拥有的奇妙性质让毕达哥拉斯着迷。他称"7"是一个有趣的数字,因为它是2—10之间唯一不能通过乘法得到的数字,或者说它是2—10之间唯一不能被分成两个别的数字的数。像2×5=10,3×3=9,8÷4=2和6÷2=3这样的等式就可以求得2—10这一系列数字,却唯独得不到7这个数字。他发现边长是4的正方形的面积和周长都是16,且只有16这个数字有这个特点。他还发现长和宽分别是6和3的矩形的面积和周长都是18,除此之外,再没有别的矩形和数字有这样的特点。毕达哥拉斯认为,"10"是一个神圣的数字,因为它是1、2、3、4的和,而这4个数字正好定义了这个物理世界的所有维度:1个点代表了零维数,2个点确定了一条一维的线,3个点确定了一个二维的角,4个点则确定了一个三维的立方锥体。

## 对数论的最早研究

毕达哥拉斯对数字的研究已经超越了命理学的范畴,不再只

是算术、神秘理论和魔法的大杂烩，而是拓展到了数学的一个重要
分支——数论。他在当时能掌握的算术知识的基础上确定了很多
组不同的数字，例如奇数和偶数的概念。如果一个数可以被2整
除，它就是偶数，否则就是奇数。毕达哥拉斯又进一步把偶数分成
偶奇数、奇偶数和偶偶数3种。偶奇数就是被2除得一个奇数的偶
数，例如6=2×3，6被2除得3是奇数，所以6是偶奇数。所谓的奇
偶数就是被2除两次以上才能得到奇数的偶数，例如12=2×2×3，
被2除两次才得到奇数3，因此12是奇偶数。所以很自然，被2除
到最后只能得到2的偶数就被称为偶偶数，例如8就是一个典型的
偶偶数。

　　毕达哥拉斯把数字排列成不同的几何形状，根据这些几何形状
将数字进行分类。他把3、6、10称为三角形数字，4、9、16称为正方
形数字，因为对应这些数量的点数按照一定顺序排列就可以构成三
角形和正方形。而像6、12和20这样的长方形数则可以排列成一条
边比另一条边长一个单位的长方形。他还研究可以组成五边形（由
五条边组成的图形）、六边形（由六条边组成的图形）的数字以及别
的形状的数字。除了确定了各种数字的分类方法以外，毕达哥拉斯

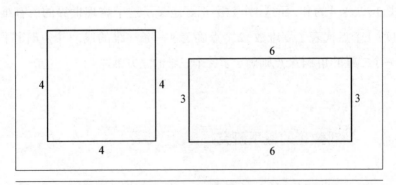

毕达哥拉斯证明了仅有一个正方形和一个长方形的面积与周长的数值相等。

和他的学生们还研究了这些数字分类的性质。他们证明了每个正方形数都可以写成两个三角形数的和的形式,还证明了每个长方形数都可以看成一个三角形数的2倍以及诸如此类的很多别的特殊关系。

　　如果一个数可以表示成两个或者若干个数的乘积形式,那么这些相乘的每个数都叫作这个数的因数,因数就相当于把原数分成若干个比它小的数,那么到底原数和组成它的因数的和的大小关系是如何呢?回答了这个问题,我们就自然而然地又确定了另外三类数,这三类数被毕达哥拉斯称为完全数、盈数和亏数。像6这样的数,它只能被1、2或3整除,因此它的因数就是1、2和3,而1+2+3=6,它所有因数的和恰好与它本身相等,因此6就被称为完全数。盈数则是像12这样可以被很多数整除的数,它的因数有1、2、3、4和6,它们的和显然要大于12,所以这样的数就称为盈数。而亏数则是像15这样没有足够多的因数的数,它的因数1、3和5加起来都不足15,因此这样的数就称为亏数。毕达哥拉斯经过自己的研究,只发现了4个

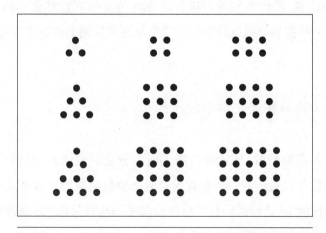

三角形数、正方形数和长方形数都因它们形成的几何形状而得名。

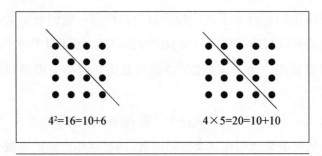

$4^2=16=10+6$          $4 \times 5=20=10+10$

毕达哥拉斯发现正方形数和长方形数都可以写成三角形数的和的形式。

完全数, 即6、28、496和8 128。另外还有一些数对被称为"友好数对", 这些数对的神奇之处在于其中一个数的因数的和恰好等于另一个数, 而另一个数的因数的和也恰好等于这个数, 相对于完全数而言, 这样的友好数对显得更加稀少。在当时毕达哥拉斯能够找到的友好数对只有220和284这一对而已。

毕达哥拉斯对数字分类的研究工作是在数论中最早的分类体系研究。现代数论直到今天依然在继续研究着他当年确定的这些不同类型的数字, 虽然他们现在进行这方面的工作有着更重要的目的, 例如如何给信息解码以及如何更安全地在互联网上传送文件等。

 ## 音乐和天文学中的比率

除了研究整数, 毕达哥拉斯还研究分数。他认为, 任何一个测量结果都可以表示成一个整数或是两个整数组成的分数形式 ( 也可以称为比例 )。这种通约分的思想构成了毕达哥拉斯 "万物皆数" 的哲学理论的基本假设。

毕达哥拉斯发现整数的比例构成了音乐和声的基础。里拉琴是一种类似于竖琴的乐器,在研究此类乐器的制作的时候,他发现,一些长度是简单比例形式的琴弦发出来的和声听起来最舒服。除此之外,如果一根弦的长度是另一根的一半,那么它发出来的音调和另一根弦发出的相同,但会高一个八度。他还发现,相同长度的弦的 $\frac{2}{3}$ 处和 $\frac{3}{4}$ 处可以弹奏出称为纯五度和纯四度的悦耳的和声。根据这些发现,他得到了确定A、B、C、D、E、F、G这7个音阶中所有音符的弦长的比例。

毕达哥拉斯通过对行星、太阳、月亮以及恒星运行的长期观察,以同样的比例知识为基础,创造了一套崭新的天文学理论。根据他的理论,宇宙是一个巨大的球体,星星在它的外壳上运动,而地球则位于这个球体的中心。太阳、月亮以及所有的行星都在地球的周围沿着环形轨道转动着。毕达哥拉斯记录了这些天体各自绕轨道一周所需要的时间,进而确定了各个轨道的半径。通过他的计算可以发现,月球、水星、金星、太阳、火星、木星和土星这七大天体与地球之间的距离的比例恰好与A到G这7个音阶的比例相等。所以他认为,行星通过在宇宙中的运动会产生一种自然的和谐音乐,他称这种和谐的音乐为"天体和声"或是"天体音乐"。

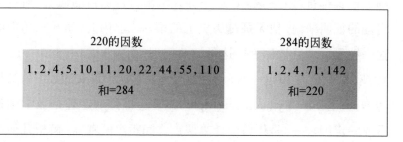

| 220的因数 | 284的因数 |
|---|---|
| 1, 2, 4, 5, 10, 11, 20, 22, 44, 55, 110<br>和=284 | 1, 2, 4, 71, 142<br>和=220 |

220的因数的和是284,而284所有因数的和则是220。

毕达哥拉斯对音符的数学比例的发现至今仍是音乐声学理论中的基本结论。虽然他的"天体音乐"理论在古希腊世界得到了普遍认可,但是后来的科学家们还是发现这个理论是错误的,不过他在天文学中的其他一些发现则是正确的。例如,通过观察月全食时地球投射到月球上的弯曲的影像,他确认地球是一个球体。他还建立了地球一直在沿着自身的轴进行自转的理论、启明星和黄昏星是同一个天体的结论,这些结论现在来看都是正确的。

 ## 毕达哥拉斯定理

毕达哥拉斯在埃及和巴比伦游历的时候,学会了著名的"勾股定理",即如果一个三角形的三条边长分别是3、4和5,那么这个三角形是直角三角形。3、4和5这三个长度的关系,通过 $3^2 + 4^2 = 5^2$ 即 $9 + 16 = 25$ 这一等式联系起来。当时的埃及人对这个定理已经很熟悉了,即如果一个三角形的三条边分别是 $a$、$b$ 和 $c$,同时这三个长度满足等式 $a^2 + b^2 = c^2$,那么这个三角形必然是直角三角形。

但直到毕达哥拉斯出现之前,都没有人能够对任意直角三角形的三边长都符合 $a^2 + b^2 = c^2$ 这一等式给出符合逻辑的证明,对这个定理的证明来说,他无疑是历史上的第一人。因此,直角三角形的这一性质后来就被称为毕达哥拉斯定理,而像3—4—5、8—15—17或20—21—29这一系列满足 $a^2 + b^2 = c^2$ 这一等式的数组就被称为毕氏三元数(Pythagorean triple)。毕达哥拉斯定理是数学中最重要的定理之一,是代数中计算两点之间距离的基础;解析几何中需要这个定理,它提供了圆、椭圆和抛物线中的一个基本等式;三

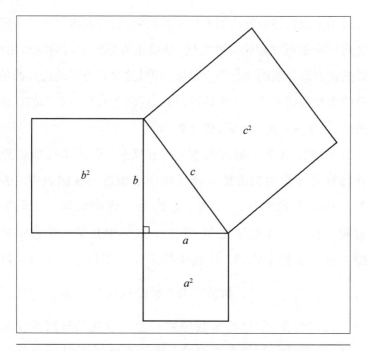

毕达哥拉斯定理指出,任意直角三角形的三条边都符合 $a^2+b^2=c^2$ 这一等式。

角函数也需要这个定理,它描述了正弦函数和余弦函数的基本性质等,可以说数学其他的很多分支学科也都离不开这个重要的定理。

　　毕达哥拉斯证明这个定理时使用了一幅图,图中是一个直角三角形和3个分别以这个三角形三条边为边长而构成的正方形,那张图也自然而然成为数学史上最经典的图像之一,永垂史册。

 **无理数**

　　然而,毕达哥拉斯定理又会很自然地使他发现无理数,这是一

些无法用整数和整数的比例来表示的数字,这一发现又似乎否定了
他之前所有的哲学理论。他发现,连接正方形两个对角的对角线,
可以把正方形分成两个直角三角形,如果这个正方形的边长都是一
个单位而对角线的长是 $x$ 个单位,那么这两个直角三角形的三条边
都满足 $1^2 + 1^2 = x^2$ 这一等式,也即 $2 = x^2$。

为了估计这条对角线长度 $x$ 的真实值,毕达哥拉斯创造了
一种计算这些数对的方法并将其列在下面的一张图表中。表中
的第一排两个数字都是1,接下来的每一排中的第一个数字都
是前面一排中两个数字之和,第二个数字则是第一个数字和前
一排中第一个数字之和。毕达哥拉斯计算了每一排中两个数的
比值,从 $\frac{1}{1}$、$\frac{3}{2}$、$\frac{7}{5}$、$\frac{17}{12}$ 依此类推,他发现这些比值会越来越接
近对角线的长度,但这些分数序列只会无限地接近对角线的真
实长度,却不可能与其真正相等。他最后终于证明,$x = \sqrt{2}$ 这个
长度不能写成一个分数的形式,$\sqrt{2}$ 读作2的平方根。随着研究
的三角形越来越多,毕达哥拉斯和他的学生们发现了很多诸如
$\sqrt{3}$、$\sqrt{5}$ 和 $\sqrt{6}$ 这样的长度,它们同样不能写成分数的形式。

毕达哥拉斯之前一直认为宇宙万物都可以表示成整数和分数的
形式,而对这些无理数(或称为不可通约分数)的发现则彻底否定了
他的这些哲学思想。起初,他命令毕达哥拉斯学会的成员们诅咒发
誓,不许他们把这一发现透露给学校之外的任何一个人。有人传说,
他的一个学生希勃索斯(Hippasus)不小心违背了这个保持沉默的
约定,就在海里神秘地淹死了。但是到最后,毕达哥拉斯还是勉强
接受了无理数确实存在这一不争的事实,并且最终把无理数也纳入
了他之后的研究工作之中。

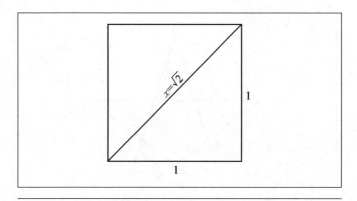

一个正方形的两边和对角线的长度也符合毕达哥拉斯定理。

| $A$ | $B$ | $B/A$的比值 | $B/A$的小数值 |
|-----|-----|-----------|-------------|
| 1 | 1 | 1/1 | 1.000 00 |
| 2 | 3 | 3/2 | 1.500 00 |
| 5 | 7 | 7/5 | 1.400 00 |
| 12 | 17 | 17/12 | 1.416 67 |
| 29 | 41 | 41/29 | 1.413 79 |
| 70 | 99 | 99/70 | 1.414 29 |
| 169 | 239 | 239/169 | 1.414 20 |

毕达哥拉斯利用这一图表中的整数的比值来估算 $\sqrt{2}$ 的值。

　　无理数是五角星形的关键特点，五角星也成为毕达哥拉斯学会的象征。毕达哥拉斯学会的成员们将这一几何形状缝在自己的衣服上或者画在他们的手掌上，这样他们就可以认出来谁和自己是同一个学会的朋友。五角星中任意两条边的交叉点都将这两条边分成了一长一短两部分，这两段长度的比值就被称为"中庸

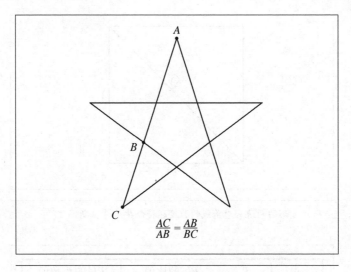

$$\frac{AC}{AB} = \frac{AB}{BC}$$

毕达哥拉斯学会的学者们将五角星作为他们的官方标志。

之道"或是"黄金分割"。在上图中的五角星里，点 $B$ 将 $AC$ 分割成 $AB$ 和 $BC$ 两段，这两段线段的长度的比值满足 $\frac{AC}{AB} = \frac{AB}{BC}$ 这一等式。等式中两个比例的比值相等，都等于黄金分割的值，其准确值是 $\frac{1+\sqrt{5}}{2}$，约等于 1.618。毕达哥拉斯和古希腊历代的建筑师、雕刻家们都认为这个比例是所有比例中最美丽的一个，因此在他们设计的很多建筑和雕塑中都用到了这个比例，最明显的体现莫过于雅典的帕台农神殿。

 ## 5 种正多面体

　　毕达哥拉斯对正立方体的研究成果是几何学的重要进步。像等边三角形、正方形或者正五边形这样的正多边形，都是拥有相等边长的二维图形。而正立方体（或者叫正多面体）则是每条边都相等或是每个面都由相同的正多边形构成的三维物体。在毕达哥拉斯的时代，数学家只知道3种正立方体，分别是由4个相等的等边三角形组成的正三角锥体（或称正四面体），由6个大小相等的正方形组成的正六面体，以及由12个正五边形构成的正十二面体。而毕达哥拉斯则发现了另外两种正多面体的制作方法，他发现了用8个全等的正三角形可以组成一个新的图形，这个图形被他称为正八面体；而拿20个全等的三角形也可以组成一个新的立方体，这个立方体被他称为正二十面体。除了发现这两个新的正多面体以外，他还证明，除此之外再也不可能有别的正多面体。他在数学知识和逻辑推理方面的过人之处，在当时确实无人能及。

虽然毕达哥拉斯已经将正多面体的理论发展得十分完善，但这5个正多面体当时还没有正式的名称，直到150年之后，希腊伟大的哲学家柏拉图（Plato）在自己的著作《蒂迈欧篇》（Timaeus）里才最终给这5个正多面体正式命名。柏拉图认为，火、土、空气和水是构成世界的4个元素，正四面体、正六面体、正八面体和正二十面体则是这4个元素的原子的形状，而正十二面体则是整个宇宙的形状。此后的900年间，各个地方的人们都在柏拉图学院学习知识，因此，柏拉图的这些物体形状的思想产生了极其深远的影响，以至于这5个正多面体到后来都被称为"柏拉图立方体"。

公元前500年左右，一群愤怒的暴民烧毁了毕达哥拉斯学会的学校。传说毕达哥拉斯就死于这场大火，也有人说他从火海中逃脱了，被一个暴民一直追赶到一片大豆田边，由于不愿意践踏神圣的豆类植物，他停下了脚步，最终被愤怒的群众杀死了。还有一些历史学家则在他们的著作中写道：毕达哥拉斯从大火中逃脱，并在附

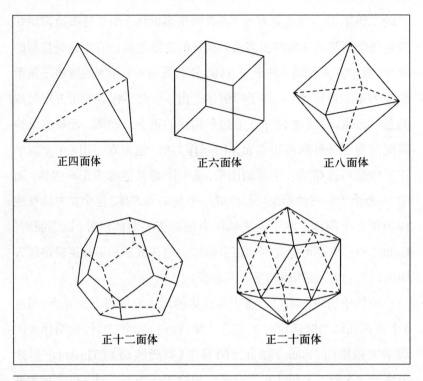

正四面体　　　　　正六面体　　　　　正八面体

正十二面体　　　　　　正二十面体

毕达哥拉斯证明了只有5种正多面体。

近的城市马塔波顿（Metapontum）度过了他生命中最后的时光。公元前480年，他在那座城市里永远地合上了双眼。毕达哥拉斯死后，他的信徒们在另外一些城市里建立了新的学校，在那里他们继续发扬着他的思想，长达两个世纪之久。

 ## 结语

毕达哥拉斯去世以后，他的信徒们又在数学上有了一些新的发现。在代数学中,他们创造了同时解答多个方程式的方法。他们继续着毕达哥拉斯在数论方面的研究,并且发现了质数的很多性质。毕达哥拉斯学会的成员们发展了比例的理论,拓宽了黄金分割的概念。在几何学中,他们确定了计算任何一个多边形内角和与外角和的方法。他们研究出了根据给定的三角形的面积,按要求构建出与其面积相等的正方形的方法,并在此过程中引入了抛物线、双曲线和椭圆的概念。

毕达哥拉斯去世24个世纪以后,一个由来自美国各所大学的数学教授所组成的专业组织——美国数学学会,将正二十面体确定为这个组织的官方标志。由毕达哥拉斯发现的这一图形出现在了这个组织的信纸的顶部以及他们所有数学杂志的封面上。在数论的研究中,很多毕达哥拉斯最先引入的概念仍然是现在的学者们继续研究的课题,例如奇数和偶数;三角形、正方形和长方形数;完全数、盈数和亏数;友好数对以及素数等。毕达哥拉斯定理、无理数和柏拉图多面体等都是现代数学家和科学家们在他们的研究中继续使用的重要工具。

# 三 欧几里得

（约公元前325—公元前270，亚历山大学派）
## 使数学变得完整而有序的几何学之父

亚历山大学派的欧几里得确定了几何学研究中的基本定理和基本方法，他对几何学研究的影响持续了2 000多年（格兰杰收藏馆）。

亚历山大学派的欧几里得（Euclid of Alexandria）创立的理论思想确定了几何学研究的基本框架，这一理论框架一直沿用了2 000多年。《几何原本》（Euclid's Elements）是欧几里得所著的关于几何学和数论知识的伟大作品，这本书以基本定理为基础，对数学理论进行有逻辑的发展，是有史以来最受欢迎的数学著作。他还证明了质数有无穷多个，并且创立了一种"欧氏算法"，用来计算两个数的最大公约数。公元19世纪，人们在证明他的平行公理的过程中，发现了一个与欧几里得几何学理论相矛盾的结论，随后才发展出现在的非欧几里得几何学。由于他的著作长期以来在几何学研究和学习中都占据着支配地位，因此人们也尊敬地称他为"几何学之父"。

## 数学教授

虽然欧几里得出生在希腊,成长在希腊,写作、教书也都使用希腊语,但是关于他生平的最著名的介绍却出自几百年后阿拉伯学者的著作。从这些著作中我们可以知道,欧几里得大约公元前325年出生在泰尔(Tyre),这是一座位于地中海东端的大城市,在今天的黎巴嫩境内。他的父亲名叫诺克拉底斯(Naucrates),他的祖父名叫泽那查斯(Zenarchus)。在今天叙利亚大马士革(Damascus)的那座城市里生活了一段时间之后,欧几里得来到了希腊的首都雅典。

欧几里得成了当时雅典最著名的学校的学生,这所学校是希腊伟大的哲学家柏拉图在公元前387年创立的。自从柏拉图在紧邻雅典的一个小镇开办这所学校以后,人们就称这所规模虽然不大却十分杰出的大学为"柏拉图学院",而英语中"学院"这个词也正是来自当时这座小镇的名字"阿凯得米"(Academy)。柏拉图学院建成后的900多年时光中,人们纷纷从希腊的各个地方以及很多别的国家慕名而来,沐浴着这位伟大导师的思想光辉,潜心学习科学、数学和哲学知识,思考生活的意义。柏拉图一直把对数学的研究放在一个很高的位置,有一个故事就讲到,他曾经在学院的门口竖起一块牌子,上面写着"对数学一无所知的人禁止入内"。学院里所有的学生都要学习高等数学,那个时代大多数伟大的数学家也都出自这所学校。

大约在公元前300年,欧几里得来到了埃及的亚历山大(Alexandria)城,并在那里度过了他生命中最后的时光。由于他在亚里山大城完成了一生中最著名的工作,为他赢得了极大的声誉,因此人们都称他为亚历山大学派的欧几里得。位于尼罗河河口的大城市亚历山大,是当时地中海区域的商业和文化中心。公元前332年，骁勇善战的亚历山大大帝在征服埃及王国之后就建立了这座亚历山大城。他和他的继承人托勒密（Claudius Ptolemy）为了收藏当时世界上所有的书籍，在亚历山大城建造了一座宏伟的图书馆。只要有学者来到亚历山大城，他们就把随身携带的书籍交给图书馆，由那里的抄写员负责抄写下来，并把这些手抄本留给图书馆收藏。日积月累，图书馆收藏的书籍超过了50万册，书的内容更是包罗万象。

在这座商业与文化都空前发达的城市里，托勒密创建了一所研究机构，开展学术活动，这就是著名的亚历山大博物馆。这所大学比柏拉图学院要大得多，来自世界各地的最伟大的智者都到这里讨论、学习和讲课，并有了很多崭新的发现。欧几里得是这所大学里第一位数学教授，那里的学生都很尊敬他，认为他是一位和蔼可亲又很有耐心的老师。他吸引了一大批伟大的数学家，他们共同研究并发现新的数学知识。一代又一代的学者们在那里沿着欧几里得的脚步继续走了下去，亚历山大博物馆也因此成为一所生机勃勃的研究机构，历经600多年而长盛不衰。

## 《几何原本》

欧几里得最伟大的成就就是写出了《几何原本》这本著作，他在书中归纳和阐述了当时所知道的所有数学知识。虽然欧几里得将这13卷中的每一卷都称为"书"，但它们更像是一本单独的书中的一个个章节。这其中有6章的内容是关于平面几何的；4章的内容与数字的性质有关；剩下的3章则是立体几何的知识。每一章的内容都按照定理和问题的顺序来安排,这465个定理展示了数学的基本规则,有什么样的假设就可以得到什么样的结论,互相之间都很清楚明确。所有的定理都是根据一个逻辑上的推论过程得到的,这个过程叫作证明,通过证明我们才能解释清楚为什么这个定理是正确的。欧几里得通过解答每一章后面被称为问题的例子,告诉读者们这些定理是如何在特殊的问题上得到应用的。

在欧几里得著名的作品《几何原本》中,他以基本的条件、假设和公理为基础,通过逻辑推理和证明发展了几何学与数论的理论。

在这本书中,欧几里得从23个定义、5个公设和5个公理这些简单的基础出发,有条不紊地将一个知识体系慢慢建立起来,这个体系包含了他那个时代所知道的基本的数学知识。定义就是对点、线和圆这样简单图形的基本认识;而公设则是几何学中的基本概念,例如过两点能作而且只能作一条直线就是一个公设;公理,换句话说就是常识,它是所有数学思想的理论基础,比如等于同量的量彼此相等,这样的公理是不需要证明的,是公认正确的。只要是对定理清楚而准确的证明,欧几里得都一一收录在自己的著作中。只要发现有的证明有争议,有可以改进的地方,他一定会选择更好的证明写入自己的书中。他将这些材料根据特定的顺序组织在一起,这样写出来的每一章内容就都成为一个连贯的整体,而这13章的内容又构成了一部完整的作品。

《几何原本》的前6卷阐述了平面几何中的规则和计算技巧。第

1卷包括全等三角形的定理、尺规作图以及对毕达哥拉斯定理的证明,这个定理解释了直角三角形三边长的关系。第2卷主要是一些代数知识在几何学中的表现,包括乘法分配率,即$a(b+c+d)=ab+ac+ad$;平方展开公式,如$(a+b)^2=a^2+2ab+b^2$和$(a-b)^2=a^2-2ab+b^2$等。第3卷和第4卷的主要内容是关于圆的几何知识,包括切线和割线的知识,内接和外切多边形的作法等。欧几里得在第5卷、第6卷关于平面几何知识的内容中,介绍了相似多边形的理论,并且利用这些结论来作三角形和平行四边形,使它们的边长和面积满足特定的要求。

后面7、8、9、10这4卷书,主要是关于数论方面的内容。其中第7卷讨论了比例、因数以及整数的最小公倍数的知识,并且一直使用线段来表示每一个数字。接下来的一卷则描述了几何级数方面的结论,包括只有两个因数的二维数,例如$10=5\times2$,以及有3个因数的三维数,例如$42=2\times3\times7$。他在随后的一卷书中讲述了奇数、偶数、完全数和质数的一些理论。在这4卷书中的最后一卷也是最长的一卷里,他从几何学的角度一共列出了关于无理数的115条定理。

《几何原本》中的最后3卷讨论了立体几何的知识。第11卷主要讲了通过一个点作一个平面的垂线的方法,以及利用这个方法作一个盒子状的平行六面体的方法。第12卷则介绍了计算立方锥体、圆锥体、圆柱体和球体的体积的方法。第13卷的内容则是关于5种正多面体的定理。

 ## 《几何原本》的原创结论

《几何原本》中的大部分内容都不是欧几里得自己原创的。欧几里得的工作是建立在更早的一本数学著作的基础上的,这本书也叫作《几何原本》,是生活在公元前4—公元前5世纪的西波克拉底(Hippocrates of Chios)、勒俄(Leon)和修迪奥斯(Theudius)共同完成的。在此基础上,他又收录了泰勒斯证明的关于角、三角和圆的理论。此外,他还收录了欧多克索斯(Eudoxus)对相似多边形所做的工作。另外,第1卷和第2卷中关于平面几何的内容,大部分结论都来自数论,而第13卷中对5种正多面体的解释最早则是毕达哥拉斯所做的工作。

数学家们认为,《几何原本》中至少有两个重要的定理是欧几里得最早发现的。第7卷中的"定理一"介绍了计算一对数的最大公约数的方法,被人们称为"欧几里得法则"。两个数的最大公约数就是指可以同时整除这两个数的最大的数字。利用欧几里得法则,我们就可以通过下面的计算顺序来找到240和55的最大公约数:

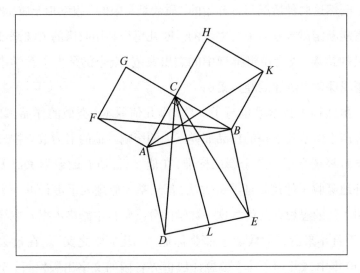

欧几里得在《几何原本》中使用了这张著名的图证明了毕达哥拉斯定理,这张图被人们称为"新娘的椅子"。

240÷55的余数是20；

55÷20的余数是15；

20÷15的余数是5；

15÷5没有余数。

所以240和55的最大公约数就是5。这个简单的计算过程，是我们所知道的数论中最早的运算技巧，在现代数学课本中，它仍是解决这种问题的重要方法。

欧几里得在第9卷中的"定理二十"中给出了对于"质数有无穷多个"这个命题的证明。所谓质数就是指那些像2、3、5、7一样，除了1和这个数本身以外再没有别的约数的整数，对这个命题的证明显示出了他过人的智慧。在证明中他假设，如果这些质数是有限多个的，那么将这些有限个质数加在一起后再加上1，就应该得到一个新的数字，这个新的数字就不应该是质数，也不可能被别的质数整除。既然这两种情况与一开始的"质数是有限的"假设相矛盾，那么他就能断定质数是有无穷多个的。欧几里得利用归谬的方法来证明假设的错误，成为逻辑推理中的杰出典范，至今仍是大学教学中数理逻辑课堂上讲述的经典案例。

虽然很多数学家也写了一些与《几何原本》类似的作品，却都没有产生像欧几里得的作品那样巨大的影响。他的书为数学推理和数学解释树立了一个全新的标准，在他以后，所有的数学家都无一例外地吸收了他逻辑证明的方法，都从基本原理入手进行下一步的证明。他的思想在几何学这一数学的分支学科中始终占据着主导地位，千百年来所有的数学家都尊称他为"几何学之父"。在过去的2 300年中，《几何原本》被翻译成世界各国的文字出版发行，至今已经拥有1 000多个不同的版本。15世纪印刷出版业出现之后，

《几何原本》是最早被印刷发行的数学书。欧几里得的《几何原本》的影响巨大，流传广泛，发行量仅次于《圣经》，没有任何一本教科书的出版和使用可以与其相提并论。

 ## 欧几里得方法受到的批评

欧几里得知道数学对解决实际问题很有帮助，例如建造精巧的桥梁、设计高效的机器以及经营成功的生意等，但是他始终认为，数学的真正意义在于它可以启迪人们的智慧，学习数学可以使人思考问题更成熟，讨论问题更有逻辑，也更容易理解一些抽象的概念。数学研究就是寻找人们尚未知道但确实一直存在的真理的过程，它并不受主观情绪或主观思想所影响，因此他认为，没有经过长期数学学习的人，就不可能是个有智慧的人。

他对数学的美丽与价值的追求是如此的狂热，然而他的学生们却并不总能够接受他的思想。很多人都知道这样一个故事，有一次一个对学习已经气馁的学生问他，学习数学究竟能够得到什么？欧几里得就让他的一个仆人给这个年轻人一枚硬币，说这样他就能够从学习中获得利益了。还有一次，托勒密国王参加了欧几里得的几何知识讲座，他演讲的内容从头到尾都十分严格地一步步向前推进，这使得国王没有耐心听。在平时不管是穿的衣服、使用的家具还是乘坐的战车，甚至是行走的道路，国王都有自己专用的一套东西，因此他就询问欧几里得，学习几何有没有一种更容易的方法。听完国王的问话，欧几里得留下了一句流传千古的回答："几何无王者之道。"

数学家中，也有人批评欧几里得，认为他把一些很显然是正确的结论也进行证明是没有意义的。他们觉得,像"三角形的两边之和大于第三边"这样的结论根本不需要如此煞有介事地进行证明。但欧几里得则坚持认为,不将这些命题直接当作正确的定理来收录,而是通过别的假设和命题来证明这些定理确实是正确的,他这么做就是为了用尽可能少的基本命题有逻辑地引申出初等数学的所有内容,这样才能让更多的人理解数学的知识。

 ## 平行线公设

《几何原本》中的前4个公设都是很简单的,但第5个公设则复杂得多。这个由3条有意思的直线构成角的理论认为,给定一条直线和直线外的一个点,只能有一条直线通过这个点而不与给定的直线相交。这样的两条不会相遇(或者说相交)的直线,就被称为平行线。数学家们一直努力尝试确定这个公设的正确性,他们想利用别的公设通过逻辑证明来达到这个目的,但是每次都以失败而告终。以欧几里得这5个公设为基础的几何体系称为欧氏几何。19世纪,一些年轻的数学家们证明,平行公设是一个独立的假设,并不能通过别的公设来证明。他们拿一些不同的公设取代平行公设,就创造出了一个崭新的数学体系,叫做"非欧几里得几何学"。

1854年,德国数学家格奥尔格·黎曼(Georg Riemann)发展出了一套适合球面上的几何理论。在这套理论中,他定义直线是通过球面上相对的两点的一个"大圆",在地球的表面,经过南北极的经线就是一个所谓的大圆。在这里也没有平行线的概念,任意两条直线都会在两点上交会,这样的话,任意三角形的内角和必然就大

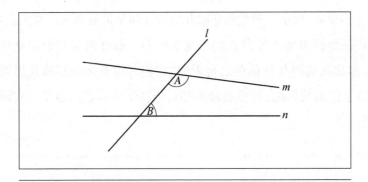

欧几里得备受争议的第五公设认为，如果角A和角B的和小于180°，那么直线m和n必然相交。

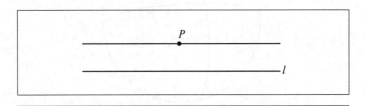

在欧氏几何中，通过点P能有而且仅有一条直线与直线l平行。

于180°，而不是像在欧氏几何中那样正好等于180°。

1826年，俄罗斯的数学家尼古拉斯·罗巴切夫斯基（Nicholas Lobachevsky）发现了另一种基于伪球面的非欧几里得几何学。所谓的伪球面就是一个像两个喇叭口黏合在一起形成的平面。在这个几何体系中，经过一个点可以有无数条直线不与已知直线相交，这样在逻辑上就会得到任意三角形的内角之和小于180°的结论。这个有无限多条平行线以及三角形内角和小于180°的双曲几何理论，并不只有罗巴切夫斯基一个人注意到了，匈牙利人雅诺什·波尔约（Janos Bolyai）在1823年以及德国人卡尔·弗里德里希·高斯（Carl Friedrich Gauss）在1824年也发现了它的存在。

一开始,数学界对这些非欧几里得几何学采取消极反对的态度,并且强烈抨击那些发现它们的数学家们。最终数学家们还是意识到,非欧几里得几何体系是合理的,它们并没有影响到欧几里得对几何学作出的贡献,而在物理学和其他科学中对它们也是有实际需求的。

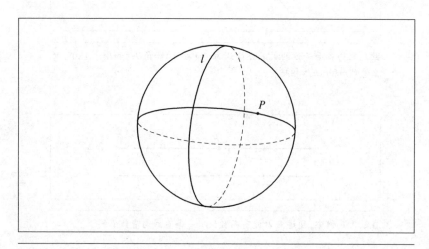

在黎曼几何中,通过 $P$ 点的所有直线都与直线 $l$ 相交。

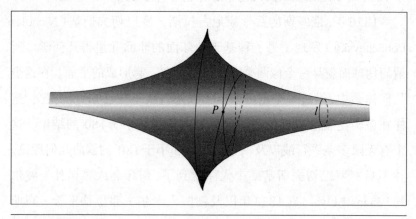

在罗巴切夫斯基的几何理论中,通过点 $P$ 可以有无限多条直线不与直线 $l$ 相交。

## 欧几里得的其他著作

除了《几何原本》以外，欧几里得还有15部传世著作，内容涵盖了数学和科学的方方面面。他的作品《已知数》（The Data）汇集了平面几何中的很多真实命题，包括比例、三角形、圆、平行四边形以及其他一些图形，可以看作是与《几何原本》相配套的作品。《已知数》中一共包含了95个命题，但是命题提出的形式与《原本》不同，全篇的中心是指出了图形中的某些元素若为已知，如长度、面积或比例等等，则另外的元素也为已知的。《图形的分割》（On Divisions of Figures）中则详细介绍了如何把圆、矩形和三角形分割成特定大小和特定形状的小图形。一共包含36个命题，其中介绍了如何作一条直线把一个三角形分割成面积相等的一个三角形和一个梯形，如何作两条平行线在一个圆上切割下一个想要的图形，以及如何作一个矩形使它的面积与一个截掉一块正方形的矩形相等，等等。要想解决这样的数学难题，没有对平面几何定理的深刻认识是办不到的。

欧几里得写的两本物理学的书，从光学和天文学的角度为科学理论提供了数学的基础知识。在《光学》一书中，他讨论了透视的原理并解释了视觉产生的过程，介绍了被当时广泛认可的理论，那就是人眼发出的光直射到物体上就使人产生了视觉。虽然人眼其实是接收光源发出的光或者物体反射的光而产生视觉的，这个理论并不正确，但是他的数学解释对视觉产生的其他方面的问题描述得还是很精确的。他解释了为什么大小不一样的物体，从一些特定的角度来看，显示出的大小却是一样的，以及为什么平行线有时候看起来

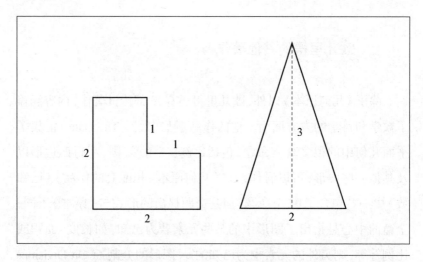

欧几里得的图形切割理论介绍了如何根据特定的面积和边长作出一些图形。图中左边的图形是一个2×2的大正方形中去掉了一个1×1的小正方形,而右边的三角形的底边长和面积与左边图形的底边长和面积都相等。

像要相交似的。在《观测天文学》这本书中,他介绍了一系列球面几何的理论,并且将这些理论作为研究天空中日月星辰运动的几何学基础。他从希腊数学家皮坦奴的奥托利科斯(Autolycus of Pitane)在早些年所著的《论天体运动》(Sphaerica)的相似的著作中引用了很多材料。

　　欧几里得还有11本散佚著作,只在后世作家的一些作品中有所提及。《圆锥曲线》一共4卷,在这部作品中,欧几里得收集并整理了当时所能知道的圆锥曲线的所有性质。所谓的圆锥曲线就是通过切割一个圆锥体而得到的抛物线、椭圆和双曲线等图形。他从一本更早的书《立体轨迹》中吸收了大量材料,这本书是与他同一时代的阿里斯泰奥斯(Aristaeus)写的。这两本书都已经失传了,很可能是因为到公元前200年,阿波罗尼奥斯(Apollonius)的《圆锥曲线论》取代了它们的位置,成为这个领域中的范本。欧几里得的另一本著作《曲面轨迹》（Surface Loci）一共两卷，主要介绍了球体、圆锥体、圆柱体、圆环体、椭圆体以及其他旋转得到的曲面，这些图形都可以由一个二维图形绕一条直线轴旋转一周而得到。在这本书中，他主要讨论了这些图形表面形成的曲线轨迹的性质以及这些曲面图形本身的性质。《音乐要素》这本书则探讨了音乐理论中的数学基础知识，其中包括毕达哥拉斯关于音阶、音符的比例问题。《纠错集》是一本汇集了几何初学者在逻辑证明中经常犯的错误的书，目的就是引导读者走上证明几何问题的正确道路。《推论集》（Porisms）一共有3卷，包括了38个推论和171个定理，这里所说的定理与普通的命题不太一样，它强调要找出某种事物而不仅仅是证明它存在或成立。历史学家们还发现了一些他们认为是欧几里得所写的数学和音乐方面的著作，但通过对这些作品风格的分析之后，数学家们还是认为，这些作品不太可能是欧几里得本人所写的，而是由同时代的别的希腊数学家完成的。

 **结语**

公元8世纪，历代希腊数学家所写的著作都相继被翻译成阿拉伯文并流传开来，但在翻译的过程中，欧几里得的名字被翻译成"Uclides"。历史学家们在研读这些阿拉伯文字的时候发现，这个名字与阿拉伯语中表示"关键"的单词"ucli"以及表示"测量"的单词"des"有着某种潜在的联系。一些学者很想知道这到底是不是一种偶然，是不是因为《几何原本》的作者的真名就是这么写的，这个名字在希腊语中的意思就恰好是"测量的关键"。还有一些学者则认为，欧几里得其实并不存在，他所做的工作其实是一群数学家将他们各自的作品汇集在一起结集出版，而他们又恰好使用了包含这个意思的笔名才造成了这种情况。虽然大多数数学家和历史学家对后者的说法表示强烈的质疑，但是在数学史上这样的事情也并非绝无仅有。例如，毕达哥拉斯死后300多年间，他的支持者们仍然坚定不移地将他们的数学发现都归功于他，并用毕达哥拉斯的名字来给自己的作品署名。而在20世纪，一群法国的数学家也曾以布巴基（Bourbaki）为笔名出版了他们作品的合集。

虽然这种说法很有意思，也并非不可能，但是仍然能够基本认定欧几里得在历史上确有其人，他确实是《几何原本》的作者，他也确实在亚历山大博物馆教书；而他最终大约在公元前270年在亚历山大城与世长辞。他的代表作《几何原本》确定了几何教育的基本构架，这样的构架一直坚持了2 000多年而无人撼动。欧几里得坚信，所有的数学定理都可以从最基本的定义和公设出发，而被有逻辑地证明，直到今天，数学家们的研究工作依然受到这个思想的巨大影响。

在每个证明过程的结尾，欧几里得都会写上3个单词，翻译成汉语的意思就是"命题得证"。而在拉丁语中，这几个单词被翻译成"quod erat demonstrandum"。现在很多数学家在他们证明的结尾，仍然会写上这个拉丁文词组的缩写——QED，以此来纪念伟大的数学家欧几里得。

# 四 阿基米德

（约公元前287—公元前212，叙拉古学派）

**几何方法的改进者**

阿基米德（Archimedes of Syracuse）被称为实用机械的发明者，但他在数学和物理中的一些发现则更有名。他创立了估算周长、面积和体积的穷竭法；确定了做正切线的方法以及三等分角的方法；创立了杠杆、滑轮和质点的理论，他发现的浮力原理则开创了静水力学的理论研究。

阿基米德使用穷竭法来估算曲边物体的周长、面积和体积（美国国会图书馆印刷品与照片部）。

 **实用机械的发明者**

约公元前287年，阿基米德出生于西西里岛上的一座独立的希腊城邦——叙拉古（Syracuse）城，它位于意大利西南部海岸之外的大海中，是一座高度文明的城市。阿基米德的父亲菲迪亚斯（Pheidias）是一位受人尊敬的天文学家。阿基米德从小就得到了很好的教育。结束了在叙拉古当地学校的正规学习之后,阿基米德来到了当时埃及最著名的文化知识中心——亚历山大城,继续学习。在那里,他师从著名的数学家、天文学家科农(Canon)和当时亚历山大图书馆的馆长、数学家埃拉托塞尼(Eratosthenes)。在这里,阿基米德对应用数学知识来解决实际问题以及发展新的数学思想产生了浓厚的兴趣。

阿基米德很快就成为一个拥有丰富创造力的发明家并声名远播。他发现生活在尼罗河边的农民们没有一种有效的工具从河里取水,生活很不方便,他就设计了一种巨大的螺旋形物体,将它固定在一个长圆桶中,圆桶的另一头连接着一个曲柄。当这种设备中较低的一端浸没在河水中与另一端形成一个角度时,螺旋体的螺旋运动就能使设备中装满水并且将这些水运送到较高的另一端。埃及的农民把这种水螺旋称为"阿基米德螺旋",它能将水从河里取上来灌溉庄稼,给生活带来了极大方便。这种发明的各种各样变体在当时的希腊社会中得到了广泛应用,人们用它们来吸干湿地上的积水,排空矿井里的地下水,抽干轮船货舱里的海水等等。

在亚历山大城生活了几年之后,阿基米德又回到了故乡叙拉古城,继续着发明创造以及对机器工作原理的研究工作。他对杠杆和滑轮这两种机械设备研究得十分透彻。其实在阿基米德之前,人们就已经开始使用杠杆和滑轮来减轻劳动强度,但是从来没有人可以研究明白这些机械工作的原理,直到阿基米德的出现。他将很多滑轮和杠杆连接起来,建造出了很复杂的机械,使机械按照预先设定的方式精确地运行,可以说阿基米德真正将杠杆理论应用到了实践中。

阿基米德对杠杆和滑轮的功能充满信心,他甚至宣称不管多重的东西他都能够挪动。他曾经夸下海口说:"给我一个支点,我可以

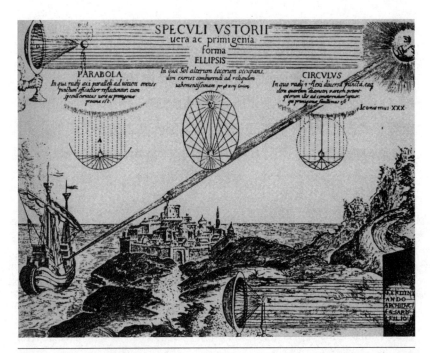

阿基米德发明了曲面镜和透镜,利用它们将阳光聚焦到罗马人的船帆上,使他们的
战船着火。

撬起整个地球。"他的朋友、叙拉古城的统治者——赫农王(King
Hieron)很想刁难他一下,于是就让阿基米德移动一艘装满士兵和
供需品的战舰。阿基米德用滑轮和杠杆装配了一套复杂的系统,只
轻轻一使劲,就使巨大的战舰开始动了起来,在场的国王和围观的
群众都惊得目瞪口呆,他们共同见证了阿基米德这一伟大的壮举。

　　赫农王又请阿基米德发明一些武器,用来保卫被城墙环抱的
叙拉古城,这座城市长期以来都饱受罗马军队的侵扰。阿基米德利
用杠杆和滑轮定律发明了一种可调节的弹弓,使用这种武器可以将
500磅(227千克)重的巨石扔出城墙外而砸中正准备登陆的战舰。
他还发明了可以探到城墙外的巨型起重机,用它就可以把敌人的战

船从水中吊起来，再把它们扔进水里使船沉没。阿基米德还设计了一次可以同时发射很多支箭的装置。他甚至还发明了抛物面的、椭圆面的和半球面的曲面镜和透镜，用它们把阳光聚焦到敌人战船的船帆上使船着火。罗马士兵都十分害怕阿基米德所设计的武器，哪怕看见城墙上挂下一根绳子，也担心又是阿基米德发明的新武器，纷纷转身撤退。

 ## 利用内接和外切多边形求圆周率的近似值

　　虽然阿基米德由于发明了阿基米德螺旋和很多作战装置而在罗马帝国威名远扬，其实他在数学上的成就比这些发明都要重要得多。在数学和物理的各种不同分支学科中，他一共写了20多部著作来记录他在这些领域的发现。他在《圆的度量》这部作品中，介绍了计算距离和面积的新的几何方法。《数沙器》则介绍了解决大数计算问题的创新方法。《论浮体》解释了他的浮力原理。这些著作以及另外8部作品都因为有阿拉伯文和拉丁文的翻译版本而流传了下来。至少还有15部著作在时代的变迁中失传，我们只能在别的数学家和科学家的作品中看到它们被提及，无法读到完整的原著。幸运的是，因为阿基米德将他另外一些发现写在了信件中，使得这些发现都得到了保留，这些信是写给他埃及的朋友科农和埃拉托塞尼的。

　　阿基米德最杰出的一项数学成就是他对"穷竭法"的完美使用。这种方法最早是在公元前5世纪由希腊数学家安提波尼（Antiphon）和西波克拉底创造出来的，在公元前4世纪，欧多克索斯将其正式定型为一种严格的方法。这是一套系统的程序，它利用周长或面积与被测图形接近而又容易精确测量的多边形,来估算形状各异的物体的周长和面积。阿基米德利用穷竭法估算了π这个数字的值。几个世纪以来,数学家们已经知道绕圆一周的长度(它的圆周长)与横跨圆周的距离(圆的直径)的比例是固定的。又过了几个世纪,人们开始用希腊字母π来表示这个数,而这个关系也就通过 $\frac{C}{d}=\pi$ 或 $C=\pi\cdot d$ 这个公式来表达。如果一个圆的直径是一个单位长度(1英尺、1码、1米),那么它的周长就应该是π个单位长度。数学家们知道这个常数π的值大于3,但并没有一个准确的方法来计算它的精确值。

阿基米德以穷竭法为基础,发展出了多级逼近的方法来获得更接近于π真实值的近似值。他先作了一个直径为1的圆并在圆周上作了6个点等分圆周,然后用直线将这6个点连接起来,就在圆的内部作出了一个正六边形,这个六边形成为圆的内接正六边形。因为这个六边形包含在圆里面,因此它6条边长的总和(即周长)必然比圆的周长要短。而圆的内接正六边形的周长利用很简单的几何知识就可以求得,显然这个周长的值就接近π但又小于π的真实值。阿基米德又以刚才确定的6个点为切点作了一个比圆大的正六边形,即圆的外切正六边形。通过计算这个圆的外切正六边形的周长,阿基米德又得到了一个接近于π但大于π的近似值,阿基米德根据求算这两个值而确定了π的精确值应该在3.00—3.47之间。

接着他又进一步作出了圆的内接和外切正十二边形,这两个图形的周长又将π的真实值的范围缩小到3.10—3.22之间。依此类推,作圆的内接和外切正二十四边形、正四十八边形和正九十六边形,阿基米德很容易就将 π 的范围缩小到 $3\frac{10}{71}$ — $3\frac{11}{71}$ 之间,也就是

3.140 8—3.142 9。π 的真实值并不能写成分数、带分数或是有限小数的形式,它是一个无限不循环的小数。保留到小数点后第4位,它的值应该是 3.141 6。阿基米德得到的近似值已经比当时希腊人所知道的近似值要精确得多了。他在《圆的度量》一书中详细介绍了这个方法和得到的数学结果。这本书被翻译成多种文字在全世界广泛流传,是整个中世纪的学生学习数学的课本。此后18个世纪的数学家们一直都使用这种方法来计算圆周率,通过不停增加圆的内接和外切的图形的边数,把这个重要常数一直精确到小数点后第35位。

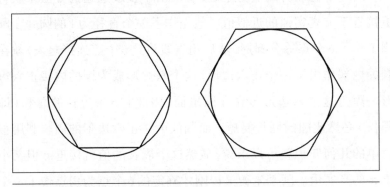

阿基米德通过计算圆的内接和外切多边形的周长来估算圆的周长。

 ## 穷竭法估算面积和体积

生活在阿基米德那个时代的希腊人知道一些计算几何图形面积的方法,这些图形的各条边都是直线,是像六边形和梯形这样的图形,他们将这样的图形分割成若干个小矩形或小三角形,通过计

算这些小图形的面积的总和来确定所求图形的面积。如果使用穷竭法的话,通过计算一系列与原图形很接近的简单的几何图形的面积,就可以估算曲边图形的面积了。阿基米德介绍了如何利用这一方法去计算一个曲边图形的面积,首先将该图形分割成一系列等宽的薄片,然后在每一片薄片中都填入一个尽可能大的矩形,这些小矩形的和就是该曲边图形面积的第一个近似值。紧接着对薄片进行进一步分割,每一次都将薄片切成等宽的两部分,这样每分割一次都可以得到数量是上一步两倍的更小的矩形,而它们的面积和就比上一步的面积和更接近图形的真实面积。通过对图形尽可能多次地分割,人们就可以估算出不同精确度的曲面图形的面积。

在阿基米德的数学著作中,他利用面积的不同、比例和近似值介绍了穷竭法的3种变化,同时利用它们证明了大量的定理。在《抛物线图形求积法》这本书中,他使用结合了三角形近似法的穷竭法确定了抛物弓形的面积。在他的另一本著作《劈锥曲面与回转椭圆体》(On Conoids and Spheroids)中,阿基米德介绍了用穷竭法计算椭圆形面积的方法。在之前提到的《圆的度量》(Measurement of the Circle)这本书中,他利用圆的内接和外切多边形面积之差得出这样的结论:如果一个三角形的高与一个圆相等,这个三角形的底又与这个圆的周长相等,那么这个三角形与这个圆的面积也相等。因为三角形的面积公式是 $\frac{1}{2}$ (底)(高),所以他得出圆的面积应该等于 $\frac{1}{2}$ $(r)$ $(2\pi r)$,也就是公式 $S=\pi r^2$。

阿基米德使用穷竭法的一种改进形式,得到了计算曲面三维物体的体积和表面积的方法,这些物体包括球体、圆锥体和圆柱体等。他将这些结果收录在自己的著作《论球与圆柱体》中,在他所有的作品中，他最喜欢的就是这一本书。他将三角形面积的比例和穷竭法相结合，找到了计算圆锥体表面积的方法。为了计算球体的体积，阿基米德先将球体切成等厚度的小薄片，再用尽可能大的圆板去填充薄片，圆板的体积很容易计算，因此将这些圆板的体积相加就可以得到所求球的体积的近似值了。随着薄片越分越薄，圆板所得到的体积近似值就越来越接近球体的真实体积，最终他得到了半径为 $r$ 的球的体积公式是 $V = \frac{1}{2}\pi r^3$。

发现这一体积公式之后，阿基米德就认识到，如果一个球被一个尽可能小的圆柱体恰好封在里面，就像一个球刚好塞进一个罐子里一样，那么这个球的体积就应该是这个圆柱体体积的 $\frac{2}{3}$。通过进一步的计算，他还发现，球体的表面积也同样是圆柱体表面积的 $\frac{2}{3}$，也即 $A = 4\pi r$。阿基米德认为这两个发现是他一生中最伟大的成就，他对自己得到的这两个结论是如此的喜爱，他甚至要求人们在他的

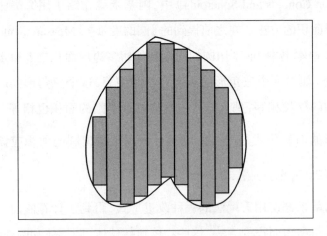

阿基米德使用穷竭法，利用一系列小矩形的面积来估算曲边图形的面积。

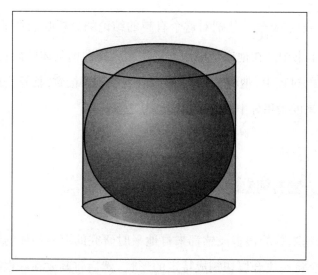

阿基米德证明了圆柱体内接球的体积是圆柱体体积的 $\frac{2}{3}$，他为自己的这个发现感到骄傲。

墓碑上雕刻上一个包含着一个球体的圆柱体，还要在这幅图画旁边刻上 $\frac{2}{3}$ 这个分数。虽然他坟墓的确切地址现在我们已经无从知晓，但是罗马的历史学家西塞罗（Cicero）在公元前75年曾经写过，他找到了阿基米德的墓穴，并且看见了传说中的墓碑上的雕刻。

　　阿基米德对日常生活中物体的数学性质表现出了着迷似的兴趣。他研究被人们称为"鞋匠刀"的一种曲线形的刀的表面积，这种刀一般都是鞋匠才会使用的。他还研究过一种被称为萨利农的传统形状的碗的表面积，这种碗通常是希腊人用来盛放食盐的。在研究体积的时候，阿基米德发现，如果一个像橙子一样的球体被切割成厚度相等的薄片，那么不管是从橙子两端切下的薄片还是从橙子中间切下来的薄片，它们所得到的橙子皮的总量是相等的。例如将一个橙子切成厚度相等的10片，那么每一片外面的橙子皮都应该是原

来橙子表皮的 $\frac{1}{10}$。他把对这个有趣的结论的分析收录在了《引理集》这本书中。在他广泛应用穷竭法来计算曲面物体的周长、面积和体积的过程中，他将"积累"的概念发展到了极致，而这个概念恰恰是后来的微积分中的两个主要思想之一。

 **富有创意的问题解决者**

阿基米德的很多灵感都来自他平时研究的那些物体的物理模型，他会将一块金属切割成特定的形状，然后将其放在一根棍子上使它保持平衡。通过这种方法来寻找金属的中心轴；或者把金属放在他的指间旋转，以此寻找它的重心；再或者通过称量它的重量来计算金属的表面积。通过从这些不拘泥于形式的实验中得到的结果，阿基米德就能够知道对这些问题的数学解答可能是怎样的。这种以实验为基础的研究与当时别的数学家的研究方法截然不同。这些数学家们都遵循着伟大哲学家柏拉图的教导，他们认为，研究抽象的数学是通往知识殿堂的唯一道路，对他们来说，物理世界和现实性的实验并不能使人得到智慧和真理。而阿基米德的思想则更加自由开阔，他通过观察身边的世界来研究事物是如何发展的。他最早的著作之一——《平面图形的平衡》一共2卷，其中就收录了他发现的杠杆原理和各种多边形的质心的定律。他在自己大多数著作中的一贯作风就是，他只给出所发现定理的漂亮证明，却从不提及他发现这些定理的过程。后来他写了一本书叫作《论力学定理的研究方法》，简称《方法》，在这本书中，阿基米德描述了实验的过程,通过这些实验他得到了很多灵感,之后这些灵感就成为他发现那么多数学定理的基石。这本书让读者们更清楚地了解了阿基米德所取得的这些伟大成就,也让我们不得不佩服他过人的智慧和充满创造力的头脑。

阿基米德最难懂也是最重要的作品之一就是《论螺线》,在这本书中,他着重研究了一条后来被称为"阿基米德螺旋"的曲线。这条曲线以一个点(称为起点)开始,随着这个点的旋转而以一个固定的比例向外扩展,描述这条曲线的公式是 $r = a\theta$。因为螺旋线不能仅仅通过尺规作图得到,所以接受过柏拉图教育的数学家们都不愿意用它来解决问题,但阿基米德却发现了利用这条螺旋线将一个角三等分的方法,这就是困扰数学家们几百年而无法解答的著名难题——三等分角。他还确定了以螺旋线上任意点作螺旋线的切线,就可以将这条切线等分,切线与螺旋线在特定的地方相切,并与螺旋线沿着前进的方向有多个交点。切线包含了"微分"的基本概念,而这也是现代微积分中另一个重要的思想。对切线和穷竭法的研究,使得阿基米德差一点发现了这个数学研究中的重要领域,整整18个世纪之后,著名数学家艾萨克·牛顿公爵(Sir Isaac Newton)和戈特弗里德·莱布尼兹(Gottfried Leibniz)才最终发现了微积分的研究方法。

在阿基米德的一生中,很多时候他都表现出了一种让人难以置信的能力,他观察和理解事物的方式格外地与众不同。这样的能力很大一部分来自他在集中精力方面的超强能力,他可以屏蔽一切外界的干扰而花很长时间来专心投入地思考一个问题。

有一次,赫农王让阿基米德来确定一下他的新王冠是不是纯金的,以检验工匠是否在制作过程中偷换掉了部分黄金。王冠的重量和国王给工匠的黄金的重量没有什么差别，但是没有一个人可以想出一种可靠的方法，来确定王冠是否是纯金的。在阿基米德坐进浴盆里准备洗澡的时候，突然发现他一坐进去水面就上升了一定高度，身体浸入水中的部分越多，水位也就越高。他意识到，就像任何物体一样，他的身体占据的水的量和盆里水升高的量（也就是体积）是相等的。这个突如其来的发现，让阿基米德显得格外兴奋，他一下从浴盆里跳了出来，没穿衣服，直接冲上了街头大喊："有了！有了！"意思就是"我发现了！"

阿基米德来到国王的宫殿，将国王的王冠放进一盆水中，测量出水面上升的高度。然后他又把和王冠等重量的黄金放入水中，水面并没有上升到和刚才同样的高度，这样他就可以确定王冠并不是纯金制作的。阿基米德为什么可以获得如此多的发现呢？很重要的一点就是，他对任何一点小小的提示都保持高度的敏感，这造就了他思考重大问题解决方法时的敏锐洞察力。

阿基米德在浴盆中发现的定理是：当一个物体放入液体中时，物体的重量就会减轻，减轻的重量与被它所取代的那部分液体的重量相等。这个定理就是现在很著名的阿基米德浮力定律，它是流体静力学中的基本法则。在《论浮体》这本书中，他详细解释了浮力定律和特殊引力，并且对流体静力学理论进行了数学上的拓展。

 **对大数的研究**

阿基米德和他的父亲一样对天文学有着浓厚的兴趣。他创建了一个宇宙的模型，通过这个模型中各部分的运动来模拟太阳、月球、行星和恒星是如何绕地球运行的。这些靠流水推动的行星状球体，甚至还能演示日食和月食。他计算了地球和每个行星的距离，地球和太阳的距离，还有每个天体的大小。他用这些测量结果纠正了一些错误观点。这些数学家认为，世界上的沙子是无穷的，即使不是无穷，也没有一个可以写出来的数超过沙子的数。阿基米德则指出，不管多么大的数都可以计算出来。他算出了充满整个宇宙需要的沙子的数量，这么多沙子足够填满地球与距离地球最远的星星之间的空间，而他找出了一个数比这个数还大，由此证明之前那些数学家坚持的观点是错误的。

在《数沙器》这本书中，阿基米德解释了自己进行如此巨大计算的具体步骤。他首先确定了多少个沙粒与一个罂粟子的大小相当，然后又估算出多少个罂粟子的大小与一个手指相当。重复这样的步骤，他继续估算出多少个手指可以填满一个运动场，多少个运动场可以填满一个更大的空间，依此类推。阿基米德给出了这些大数的名称以及表示它们的标记，把所有这些数字相乘，他就得到了一个"1万万的7次方"这一数量级的结果。多年以后的数学家们利用这一思想发明出了现在所流行的科学记数法，这是一种以指数为基础的记数方法。今天我们可以很容易地认识到这个大数就是$10^{63}$，也就是1的后面跟着63个0。

阿基米德因为解决复杂问题的能力而声名远播，只要人们遇到难题无法解决，特别是包含大数的难题，他们就称这个问题为阿基米德难题。意味着这个问题十分困难，只有像阿基米德这样智者才可能解决。其中的一个问题就是"群牛问题"，这个问题中包含8个未知变量，分别代表了4种不同颜色的公牛和母牛的数量，这8个变量满足8个等式。解答这个问题的8个数都十分巨大，要用600多页纸才能将它们全部写下来。阿基米德把对这个问题的表述收录在了自己的著作《引理集》中，但并没有给出解答，他还将其他一些类似的趣味问题写在了这本书里。

阿基米德的这些著作流传下来的只有不到一半的数量。他写了很多书来讨论不同的几何问题，包括《论相切圆》《论平行线》《论三角形》《论直角三角形的性质》《论七等分圆》以及《论多面体》等，但是这些书只在别的数学家的作品中被提及，并没有流传于世。他写的一些科学方面的书，像《力学要素》《论平衡》《论垂直》《论阻碍与圆柱》以及《反射光学》等也被别的学者所引用，但也都失传了。另外还有一些作品，例如《论已知数》《数的命名》和《论水钟》等，也都已经看不到了。

1906年，一个研究者在检查12世纪的祈祷书的时候，突然在一张羊皮纸上不显眼的位置发现了模糊的字迹，他确定那些被祈祷文所覆盖的内容是在公元10世纪抄写的阿基米德的一些作品，包括《方法》（The Method）一书的部分内容。这本被认为是阿基米德作品重写本的书，有174页，是现存最古老的阿基米德作品的抄写本。1998年，一位匿名的百万富翁以200万美元的价格买走了这本珍稀的书，并将它借给美国马里兰州巴尔的摩市的沃特丝美术馆保管，在那里，研究者们继续着保护以及翻译这本书的工作。

公元前212年，阿基米德75岁时，罗马的军队占领了叙拉古城。罗马人侵入城市的那一天，阿基米德是唯一没有参加庆祝的居民。他正在沙地上画着图解决一个数学问题，这时候一个罗马士兵走了过来命令他站起来跟他走，阿基米德让这个士兵离开他的视线范围直到他解决这个难题，失去耐心的士兵用他的长矛杀害了手无寸铁的阿基米德。

## 结语

　　阿基米德一生中几乎解决了当时数学界无法回答的所有主要的问题。他在估算面积时对穷竭法的完美使用以及利用螺旋线来确定切线的方法，使他离发现微积分只有咫尺之遥，最终这个伟大的方法直到18个世纪以后才被发现；他使用模拟实验来解决几何问题的方法，是对当时被人们所认可的常识的巨大挑战；他对曲边图形面积和表面积的研究，极大地推动了几何学中这一分支的进步；他对很小和很大数的计算给算术带来了崭新的方法；他所做出的很多开创性的和重要的发现，都显示出了他无与伦比的洞察力。数学家们将阿基米德、牛顿和卡尔·弗里德里希·高斯（Carl Friedrich Gauss）并称为历史上的三大数学家。

# 五　希帕提亚

（约370—415，亚历山大学派）

## 第一位女数学家

亚历山大学派的希帕提亚为经典的数学著作作了注释（美国国会图书馆印刷品与照片部）。

希腊数学家和哲学家、亚历山大学派的希帕提亚（Hypatia of Alexandria）是目前所知道的教授和撰写数学知识的最早的女性。她对数学命题下的注释，不但使得古代数学家的经典著作得以保留下来，而且使得其中的内容更加丰富、知识更加深入。她是一位新柏拉图主义的哲学家，一位著名的数学教师，也是一位受人尊敬的科学家，是7世纪埃及亚历山大城的智慧和文明史上不可被忽视的一笔。

 **"完美"的人**

公元4世纪的最后50年，希帕提亚在埃及的亚历山大城出生。

对她生平的介绍现在主要有以下 4 个来源:《昔兰尼的西内西乌斯主教书信集》,其中包含了她与她的学生西内西乌斯(Synesius)的一些书信;著名教会史学家苏格拉底(Socrates Scholasticus)在公元 5 世纪所著的《教会史》的摘要;公元 7 世纪的作品:《约翰传奇:尼其乌的科普特主教》中的相关条目以及公元 10 世纪的百科全书《速达百科》中的一篇文章。这些历史记录对于她出生日期的介绍是有矛盾的:有的说是公元 350 年,也有的说是公元 370 年。

　　早在 7 世纪以前,当骁勇善战的国王亚历山大大帝征服埃及王国之后,他就决定在尼罗河河口修建一座巨大的城池。他计划将这座城市建造成为当时的军事要塞、国际贸易的中心以及世界知识和文化的圣地。他与他的麾下将军、埃及总督托勒密一世(Ptolemy Ⅰ)为了收藏当时世界上已经出版的所有的书籍,建造了一座华丽的图书馆。他们定下规矩,只要有学者来到亚历山大城,就要将自己随身携带的书本送到图书馆,由那里的抄写员将这些书本抄写下来。图书馆再将这些抄写本收藏下来并将其提供给大众阅读。托勒密还创建了亚历山大博物馆,来自各个国家的学者们在这里聚集,一起探讨、学习、讲授,同时研究出新的发现。现在很多重要的发现,都是当时在亚历山大城生活和工作的希腊数学家们辛勤耕耘而获得的。

　　很多在希腊受到良好教育的公民都被亚历山大城所吸引,来到这座位于当时世界文明中心的美丽的城市,希帕提亚的父母就是那些人中的一员。她的父亲塞翁(Theon)在博物馆中担任数学和天文学教授。除了完成日常的教学任务,他还写了一些研究日食和月食的书,并且将当时流传的各种版本的数学和天文学教科书进行了重新编辑整理,使得它们更容易被学生所接受。后来他还被任命为博物馆的主管。希帕提亚是塞翁的独生女,她的母亲在希帕提亚很小的时候就去世了。

　　塞翁是个理想主义者,他在自己女儿的身上花费了很大心血,一心想把她培养成为一个"完美无缺"的人,努力激发她生理、心理和精神上的所有潜能。遵循着父亲为她量身打造的学习计划,希帕提亚每天都花大量的时间练习跑步、越野、骑马、划船与游泳。塞翁经常陪她一起完成这些体育运动的练习。她的父亲还为她制定了一份很有挑战性的学习计划,以此来提高她的智力水平。在父亲的教导下,希帕提亚学会了阅读与写作、数学与科学、辩论与演说。她每天都跟随父亲去博物馆,在那里阅读希腊经典的文献著作,沐浴着古代先哲与学者思想的光辉。

　　在博物馆、图书馆以及整个亚历山大城孕育的美好环境中,希帕提亚逐渐成长为一名出色的演说家,在数学与研究生命意义的哲学领域拥有很深的造诣。她还周游了希腊以及地中海周围的所有国家。希帕提亚将各种文化融会贯通,对各种不同文化的传统和观点都表示尊重。

## 对数学经典的注释

　　回到亚历山大城以后,希帕提亚也加入到她父亲的团队中,在博物馆里讲授数学和哲学课程。虽然她很快就成为一名出色的教师并且拥有一群忠实的学生,她的数学著作对后来学生的影响则显得更加巨大。希帕提亚和她的父亲一起修订并更新了经典的数学著作,在那个时代,这些作品被称为"批注版",类似我们现在的"校订版"。批注人要做的工作主要是纠正原书中的一些错误,修正书里的一些解释,同时给图书增补一定的材料,这些内容最早是在别的书中出现但可能再也找不到了的。他们还要对书进行及时的更新,包括加入一些在图书出版以后学术界获得的新发现。希帕提亚、塞翁以及别的教授们都使用这些新编的教材给博物馆里的学生们讲课,来博物馆访问的学者们也将这些批注本带到了别的国家的大学里,翻译成拉丁文、阿拉伯文和别的语言。

希帕提亚和塞翁一起给欧几里得的《几何原本》做了批注。这本书是700多年前博物馆最早的数学教授、希腊学者欧几里得所写的,它被大学的学者们公认是有史以来最有影响力的数学教材。在总共13卷被欧几里得称为"书"的内容里,他把那个时候所知道的初等数学的知识有逻辑地组织成一套体系,这样大学里的学生们只用一本书学习就足够了。希帕提亚和塞翁对这本书早期版本中的一些错误进行了纠正,并且扩展了一些解释,使得里面的内容更容易被学生理解,他们同时也希望这些数学知识可以长久地保存下去留给后代学习。他们完成的这一版《几何原本》得到了人们的高度赞扬,在此后的1 000年间,这本教科书就一直是《几何原本》的标准版本。虽然几个世纪以来,各式各样的数学家们为欧几里得的《几何原本》撰写了数以千计的注释版,但是希帕提亚和塞翁制作的版本却总是最常被人们使用的,也是被大家认为最忠实于原稿的版本。

除了和父亲合作以外,希帕提亚还独立完成了3本数学书的注释工作,分别是丢番图(Diophantus)的《算术》、托勒密的《实用天文表》以及阿波罗尼奥斯的《圆锥曲线》。这3本创作于3个不同世纪的数学作品,每一部著作的作者都介绍了数学的某一分支学科中最先进的理论。希帕提亚对数学各个领域的广泛了解、勤奋工作的精神以及长期教学的经验,使她有足够的能力独自完成对当时流传的不同版本的这些作品的改进工作。

希帕提亚首先对《算术》进行了注释。这本书是希腊数学家丢番图在公元250年左右写成的，其中收录了来自数学各个领域的一共150个文字题目。在叙述完一个问题之后，作者都会根据未知量之间的关系写出一个或几个数学方程，并利用代数学的理论给出一种解决问题的方法。在这本书中，丢番图引入了一套系统的符号用来表示高于平方和立方的指数，同时他还介绍了系数的解决方法。希帕提亚在丢番图的作品中增加了两个内容，她增加了解答方程组的方法。所谓的方程组就是包含两个方程的问题，这两个方程同时拥有相同数量的未知数需要解答。在现代的代数符号中，这个等式被系统地表示成 $x-y=a$ 和 $x^2-y^2=m(x-y)+b$，其中常数 $a$、$b$ 和 $m$ 都有特定的值。历史学家们不确定到底是希帕提亚发明了这个方法，还是《算术》完成之后的别的数学家发明的。她还在很多问题的结尾增加了一些步骤，告诉读者们该如何检验他们的解答是否正确。

阿波罗尼奥斯的《圆锥曲线》是希帕提亚注释的3本经典著作之一，她所做的这些注释本都很有价值。

希帕提亚还对另一本书《天文标准规范》进行了注释，这本书是天文学家托勒密在公元150年左右完成的。这本书还有一个名字叫《实用天文表》，书中包含了各种表格，这些表格提供的参数很丰富，甚至给出了 $\frac{1}{3\,600}$° 这么小的角度所对应的圆弧的长度。这些计算结果被天文学家、水手、土地测量员以及别的需要和几何打交道的人们所使用。塞翁之前也曾经对这些表格进行过修订，在看过女儿的成果以后，他承认，希帕提亚的工作已经超越了他。

希帕提亚写的第3本注释本，是关于《圆锥曲线》这本书的，这是希腊数学家阿波罗尼奥斯在公元前200年左右写的一本书。这本书介绍了如何通过一个平面切割一个双圆锥体，从而得到椭圆形、抛物线和双曲线这3种重要的曲线图形。椭圆形是行星绕太阳运转的轨道的形状，同时也是电子在原子中运行的路径。抛物线是用来设计手电筒里的反光器的形状还有吊桥上的钢索的形状。电力厂的冷却塔的外形则被设计成双曲线的形状，彗星也是沿着这样的轨迹运行的。这3个曲线图形都被用来设计天线、望远镜镜头和卫星电视接收器的形状。在此后的1 300年间，这本书一直都占据着这些重要的曲线图形研究领域的最前沿的位置。

## 著名的教师、哲学家和科学家

希帕提亚除了数学才华著作使她受到人们的尊敬以外，她还是一位出色的演说家和教师。她做公开的演讲并开设专门的课程，向人们传播数学和哲学的知识。在教课或是演讲的时候，希帕提亚总会穿上当时的哲学家们习惯穿着的平滑的长袍。她教育她的学生们要尊重各种不同的观点，尊重对有争议性的问题的各种不同的看法。她教授的哲学思想融合了柏拉图与亚里士多德两人的观点，前者鼓励人们去发现知识并提升各自在精神上的追求，而后者则强调逻辑以及对物理世界的理性分析。

　　作为一名教师,希帕提亚在博物馆获得了极高的声望之后,她又成为亚历山大城另一所学校——"新柏拉图主义哲学学校"的校长。新柏拉图主义相信,生命的目标就是少关注身体上的物理世界,多关注思想和灵魂上更高层次的精神世界。人们从不同的国家游历到亚历山大城来听她的演讲并跟随她学习,她的住所和学校变成了学者们聚集的地方,他们都喜欢在那里讨论并学习数学和哲学。

　　在希帕提亚所处的那个时代的亚历山大城里,很多妇女都得到了很好的教育,但很少有女性可以在大学里教书,更别说在其所研究的领域成为领袖式的人物了。作为受人尊敬的领袖,希帕提亚在数学和哲学这两个领域造诣很深,正是这样的造诣使得她在那个时代的知识分子中的领导形象深入人心。

　　希帕提亚也是她所在的社会中受人尊敬的成员,朋友们希望她能够跟政府官员对话,帮助穷人争取他们的利益。亚历山大城的市民们都知道她是一个大度、仁慈而富有爱心的人。她一直都没有结

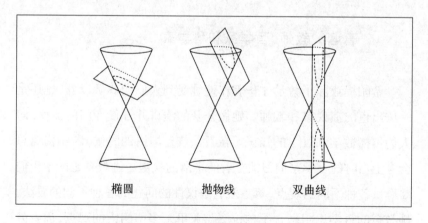

| 椭圆 | 抛物线 | 双曲线 |

一个平面和一个双圆锥体相交可以得到3种圆锥曲线——椭圆、抛物线或双曲线剖面之一。

婚,没有家庭琐事的烦扰使得她有更多的时间与精力全身心地投入到写作、教书和慈善事业中去。

希帕提亚还是一位发展实用技术的能干的科学家。她为她的朋友和从前的学生西内西乌斯设计了两种科学仪器,西内西乌斯后来成了托勒麦斯(Ptolemais)城的基督教主教,出版了一本名为《昔兰尼的西内西乌斯主教书信集》的书,里面收录了他与朋友和同事之间长期来往的书信。在他写给希帕提亚的一些信中,西内西乌斯对她为他设计的一个星盘和液体比重计表示了感谢。星盘是水手们利用测量星星的位置来确定轮船所在方位的一种工具。希帕提亚并不是第一个发明星盘的人,星盘已经被人们使用了100多年,但是作为一名科学家和一位教师,希帕提亚可以向她的朋友清楚地解释制作和使用星盘的知识。液体比重计则是通过测量相同体积的液体与水的重量的比值来测量液体的比重的仪器。历史学家们相信,西内西乌斯很有可能使用了希帕提亚为他设计的液体比重计,来混合他自己的药物或者诊断自己的健康状况。

## 被残忍地杀害

公元5世纪初,亚历山大城卷入了巨大的社会变革中。统治了埃及的罗马人,再也不重视亚历山大博物馆、它里面珍贵的藏书以及它所浸透着的智慧与文明,亚历山大城的居民们也是如此。一大群狂热的追随者们参加了希帕提亚在家里、学校里以及在整座城市的公众集会上的各种各样的演说,政治领袖们纷纷感到自己的威信受到了威胁,他们不希望看到这样的结果,想方设法维持着自己在城市中的地位。当地的基督教会和犹太教会的领袖们认为，希帕提亚的数学和科学的思想否定了他们宗教的教义，而且她的哲学思想吸引走了一大批原来信奉他们宗教的信徒。

公元415年，希帕提亚被卷入了两个团体的斗争中，一个是由亚历山大城大主教西里尔（Cyril）领导的基督教团体，另一个则是亚历山大城的地方长官奥瑞斯特（Orestes）的支持者们。当这两个团体的斗争越来越激烈，很多人在斗争中都遭受了死亡的打击之后，他们之间的仇恨达到了顶峰。有一天，希帕提亚坐着她的双轮马车在亚历山大城的街上经过，正打算去做一个演讲，一群愤怒的暴民冲上来将她的马车团团围住。他们把希帕提亚从马车上拖了下来，殴打一顿，然后把她丢弃在地上。他们将她的衣服都扒了下来，把她的身体砍成了一段一段，最后将尸体付之一炬。这次斗争很快被平息下来，

一群暴民把希帕提亚从马车上拖了下来残忍地杀害。

但是没有一个人被逮捕或是因为这起暴力冲突事件而受到惩罚。

## 结语

　　希帕提亚的死意味着一个知识启蒙时代的终结,也意味着在亚历山大城繁荣了750多年的知识进步脚步的停止。在她被谋害之后,很多学者搬到了雅典以及当时其他的一些文化中心。在此后的几十年间,国外的入侵者和反抗的市民攻击了这座伟大的大学并摧毁了图书馆,他们还把很多藏书焚烧用来给公共浴室的水加热。而塞翁和希帕提亚对欧几里得《几何原本》的修订,希帕提亚独自对丢番图的《算术》、托勒密的《实用天文表》以及阿波罗尼奥斯的《圆锥曲线》下的注释,都因为那些搬去中东地区的学者们而得以保留了下来,他们将这些书带到了那里并将其翻译成阿拉伯文。而她所有的哲学作品则不幸永远地流失了。

　　作为一位女性,希帕提亚在当时被男人所统治的文化中是独一无二的一位,而她被暴力行为残忍杀害的故事则被历史学家和作家们不断地讲述了几个世纪。公元5世纪、7世纪和10世纪的历史文献中都讲述了希帕提亚一生的经历,她对数学和哲学所作的贡献以及被杀害的故事。1851年,英国小说家C.金斯利(C.Kingsley)将希帕提亚的生活和被杀害的故事改编成了戏剧。她简要的传记形象还被收入了一系列流行的短篇故事集,例如E.哈伯德(E.Hubbard)在1908年所写的书《去伟大教师家的小旅行》。20世纪80年代,现代学者们创立了名为《希帕提亚》的期刊,这本期刊主要收录了一些女性学者就哲学问题、妇女问题所写的论文。

# 六　阿里耶波多

（476—550）

**从字母表示数字到地球的自转**

阿里耶波多写了一本在数学和天文学领域都很有影响力的论著（迪诺迪亚创意图片库/图片工作室）。

阿里耶波多（Aryabhata Ⅰ）关于数学和天文学的论著在印度历史上的影响最持久。他创立的由辅音和元音相结合的字母记数系统，对于那些巨大数字的记录很有帮助。他还阐明了计算立方根的有效的办法，计算数列的和的公式用以解决一次不定方程（组）的代数学方法。他所改进的正弦表和π的近似值被一直使用了很长时间。在天文学方面，他提出了地球在一直绕着它的轴进行着自转，这个理论在当时遭到了很多人的反对。他还准确地估算了一年的长度，并给出了计算行星轨道的公式。为了纪念他的伟大成就，印度的第一颗人造卫星就以他的名字命名，以此表达对他的敬意。

根据他的自传记录，阿里耶波多出生于公元476年的印度。然而在历史资料和历史传说中，对于阿里耶波多的出生地争议很多，并没有统一的说法，其中包括喀拉拉邦（Kerala）、阿什马卡邦（Ashmaka）、泰米尔纳德邦（Tamil Nadu）、安德拉邦（Andhra Pradesh）、拘苏摩补罗（Kusumapura）以及巴特拉（Pataliputra）。在他研究生涯的大部分时间里，阿里耶波多都生活在印度北方的数学中心——拘苏摩补罗。笈多王朝（Gupta dynasty）的统治者任命他为那兰陀研究院（Nalanda University）的院长，那里也是他年轻时候读书的母校。为了与晚他4世纪出现的同样叫作阿里耶波多的另一位数学家进行区别，人们称他为阿里耶波多第一或大阿里耶波多。

## 《阿里耶波多历数书》（阿里耶波多的论著）

阿里耶波多在数学和天文学领域中一共写了两本著作。23岁的时候，他写出《阿里耶波多历数书》（阿里耶波多的论著）。这部简短的作品收录了他最早的理论和发现，同时还摘录了这两个相关领域中当时最流行的一些观点。他将这部作品写成了118行诗的形式，这是当时写作最常用的形式，正是由于以这种形式编排内容，才使得这一论著便于口头传诵，通过历代数学家和天文学家的口述而得以精确完整地保存了下来，历经几个世纪没有失传。这部作品分为4个部分，第一部分是10行的引言，给出了一个天文学常数的列表，对表示数字的字母记数系统进行了解释，还给出了正弦差值的一个列表。第二部分论数学共33行，他一共给出了66个规则来解决数学各个领域中的问题，这些领域包括算数、几何、代数以及三角学等，这些问题有计算等差数列的和、确定面积和体积、解答不定方程以及使用正弦差来确定角的正弦值。第三部分有25行，是关于时间的度量,讨论了印度教中时间的除法,并给出了计算行星位置的规则。最后一部分共50行,是关于球的测量,他提出了自己球形宇宙的理论以及计算行星轨道以及日食的时候所需要使用的三角规则。

《阿里耶波多历数书》是印度最早的一本有明确作者的完整的论著,这使得它在众多印度的数学和天文学著作中显得格外突出。在这本书出现之前的13个世纪,印度学者们写了很多被称为《绳法经》的篇章,介绍了一系列算术和几何的规则,人们利用这些规则就可以借助绳子的长度来测量各种物体的长度。他们还写了很多被称为《悉昙多》的天文学论著,介绍了确定行星运行轨道的方法以及对一些天体运动的预言。阿里耶波多从这些丰富的传统材料中吸收了最重要、最有用的内容,做出了一系列简明的摘要,同时将自己在数学和天文学中独创的方法和理论纳入其中,写成了这本著作。

他的这些精确记录,在印度教的数学和天文学中始终处于领先状态,在之后的5个世纪里再没有出其右者。除此以外,《阿里耶波多历数书》在印度和阿拉伯的这些领域的发展过程中,始终有着重要的影响。从公元6世纪到公元16世纪,印度教学者们为《阿里耶波多历数书》写了很多注释本,并以他的论著为基础创造了很多衍生作品。在纠正了一些几何公式的错误并修订了一些天文学理论之后,教师和学者们又继续使用了这本论著有1 000多年。伊斯兰教的学者们称阿里耶波多为“Arjabhar”,公元8世纪,他们把他的论著翻译成阿拉伯语,书名变成了《al-Arjabhar》。在巴格达的智慧宫研究和学习的那些数学家和天文学家们,从这本书的译著以及其他受到这本书影响的作品中,广泛地汲取知识,最终写出了他们自己的论著。

## 算术的方法

阿里耶波多在他的书中提出的新思想之一，就是表示数字的一套字母体系，包括10的高次幂。他使用印度字母表中的33个辅音来代表1—25的整数和30—100中的10的倍数。他又使用一个元音与一个辅音连接表示10倍，使得这个记数系统更强大，最多可以表示1 018那么大的数。在之后的著作中，他使用了一些传统名称来代表这些数的值，例如萨哈斯日阿（代表1 000）、阿由多（代表10 000）和那由多（代表100 000）。写于公元前1000年的古代吠陀经典《阿闼婆吠陀》（智者与老人的学问）已经为从$10$—$10^{12}$的每个倍数命了名，另外公元前1世纪写的书《普曜经》（来自巴格达的声音）也已经给$10$—$10^{53}$的倍数命了名。虽然印度人对10的高次幂的概念已经很熟悉，但是要表示如此大的数量，阿里耶波多的字母记数系统的提出，则是这个领域目前所知的第一个。

在这本书里，阿里耶波多始终实践着他的这套记数方法，这是一套十进制的记数体系，代表了1—9再加上0这几个数字。他确定大整数平方根和立方根的方法，就是利用这套记数系统使得计算过程更加高效。在他确定一个数的立方根的方法中，他介绍了如何将

$$M=(\frac{n-1}{2})\times d+a$$

$$S=M\times n=[(a)+(a+(n-1)d)]\times\frac{n}{2}$$

阿里耶波多给出了一个寻找等差数列中间项以及计算等差数列和的方法。

这个数的各位数以3个为一组分成若干组,并给每个这样的数组命了名。然后反复同一个过程,每一步都减去恰当的3个项,这3个项相当于立方和的二项展开公式 $(a+b)^3 = a^3 + 3a^2b + 3ab^2 + b^3$ 的最后3项。虽然他并没有明确提到立方和展开公式这个代数公式,但它确实形成了阿里耶波多运算法则的基础。

在长诗的另一部分中,阿里耶波多介绍了计算一个等差数列的和的方法,所谓等差数列的和,也就是可以写成 $a + (a+d) + (a+2d) + \cdots + [a + (n-1) \cdot d]$ 这种形式的很多项数字的和。他给出了一条计算等差数列中间项的公式,并介绍了如何利用这个结果来计算这一数列的和的方法。作为一种代替普通计算的方法,他提出可以先将首项和末项相加得到一个和,然后将这个结果相加若干次,相加的次数等于项数的一半,这样就得到了等差数列的和。他还给出了一个更为复杂的公式,如果知道数列的和、首项和公差,那么根据这个公式就可以确定数列中到底有多少项。虽然我们并没有在他的论著中找到解决二次方程的公式,但是他所介绍的计算过程,体现出他当时已经知道如何使用二次根公式来解决二次方程了。

在解决了等差数列的计算问题之后,他又给出了计算其他类型数列的和的公式。他使用复比的计算方法,找出了计算等比数列的和的公式。在给出前 $n$ 个正整数的和的公式为 $1+2+3+\cdots+n = \dfrac{n(n+1)}{2}$ 之后,他又给出了计算前 $n$ 个正整数的平方和的公式: $1^2 + 2^2 + 3^2 + \cdots + n^2 = \dfrac{n(n+1)(2n+1)}{6}$,以及前 $n$ 个正整数的立方和公式: $1^3 + 2^3 + 3^3 + \cdots + n^3 = \left[\dfrac{n(n+1)}{2}\right]^2$。

在整本书中,他简要地介绍了这些公式和别的一些公式,还给

出了一些实例,但他并没有给出任何的证明或是可以用来证明这些
方法的基本原理。

 **几何的技法**

　　阿里耶波多还给出了一系列计算几何物体面积和体积的公式。
他介绍了著名的计算三角形面积的公式,即面积等于底和高的乘积
的一半,用公式表示就是 $A_{三角形} = \frac{1}{2}bh$。他还给出了圆的面积等于周
长的一半和直径的一半的乘积,即 $A_{圆} = \left(\frac{C}{2}\right)\left(\frac{d}{2}\right) = (\pi r)(r) = \pi r^2$,
这个公式在之前的一些巴比伦和中国的文献中都有记载。对于计算
梯形面积的问题,他使用了另一个大家熟悉的公式:上底与下底的
和与高的乘积的一半,也即 $A_{梯形} = \frac{1}{2}(b_1 + b_2)h$。与这些计算面积的公
式不一样,他用来计算三维物体体积的公式则显得不是那么精确。他
指出球的体积是球中大圆的面积和这个面积的平方根的乘积,即 $V_{球} = \pi r^2 \cdot \sqrt{\pi r^2} \approx 1.77\pi r^3$,这个公式与正确的结果有很大的差别,正确的公
式应该是 $V_{圆} = \frac{4}{3}\pi r^3 \approx 1.33\pi r^3$。而他提出的计算立方锥体的体积公式
是底面积与高的乘积的一半,即 $V_{立方锥} = \frac{1}{2}Bh$,但正确的公式应该是这个
乘积的 $\frac{1}{3}$,即 $V_{立方锥} = \frac{1}{3}Bh$。这部融合着正确与不正确公式的作品让
很多人感到困惑,因此后来的一些评论家们将这部论著形容为"普
通的鹅卵石与珍贵的珠宝相交织的作品"。

　　在这本书的不同的部分中,阿里耶波多对圆的周长与直径

的比——π 的值，给出了3个各不相同的近似值。他认为，直径为20 000的圆的周长大约是62 832。通过这两个数的比可以得到 $\pi = \dfrac{C}{d} \approx \dfrac{62\,832}{20\,000} = 3.141\,6$，精确到小数点后4位。相同的值 $3\dfrac{177}{1\,250}$ 在一个世纪之前的著作《保罗历数书》中就已经出现，这是一本以亚历山大学派天文学家保罗（Paul）的研究为基础编写的著作。这一数值的提出代表了数学的一次重要进步，它超越了亚历山大学派的托勒密在公元2世纪得到的 $3\dfrac{17}{120} = 3.141\,66$ 的这一近似值，成为当时对圆周率最精确的估算。一些数学家解释了阿里耶波多给出的这个命题，他们认为，$\dfrac{62\,832}{20\,000}$ 这个写成分数形式的 π 的近似值的得到，意味着阿里耶波多已经知道 π 是一个无理数，它的精确值并不能用两个整数比的分数形式来表示。但是另一些数学家们则认为，仅仅依靠这篇简短的文字为基础，就认为阿里耶波多得到了这样一个重要的发现，这样的做法是不太合适的。在这篇论著后面的内容中，阿里耶波多使用一个半径为3 438、周长为21 600的圆来进行各种各样的三角几何的计算，而计算这两个数得到的 π 的值应该是 $\pi = \dfrac{C}{d} = \dfrac{12\,600}{2 \cdot 3\,438}$。在另一个计算中，他还使用了传统的"印度值"，即 $\pi = \sqrt{10} \approx 3.162\,3$，这个值在之前的一些文章中就出现过。在已经给出了十分精确的 π 的分数近似值之后，阿里耶波多还使用了另外两个不够精确的近似值，这个做法证明了他的论著中包含着多种不一致的测量方法。

《阿里耶波多历数书》还阐释了使用相似三角形来计算距离的几何方法，这些三角形是由视线和被称为日晷的垂直的杆所组成

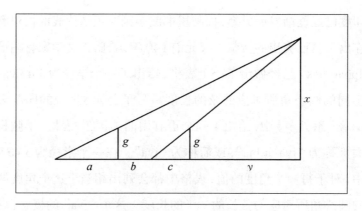

阿里耶波多描述了一种确定距离的几何方法,这种方法利用相似三角形与日晷来帮助测量。

的。在一个实例中,阿里耶波多介绍了一种情况:有两个相同的日晷,它们高度相等,彼此间隔一定的距离,垂直放置在水平地面上,另外还有一根比较高的日晷在它们后面与它们排成一行;最高的那根日晷的顶端恰好有一束光射出来,使得较短的两个日晷都在地面上形成了投影;如果已知投影的长度以及两根日晷之间的距离,那么就能计算出日晷的高度以及它们与最高的日晷之间的距离,阿里耶波多就给出了这样的一个计算公式。由于用来解决这种问题的方法在建筑和农田规划方面有着十分广泛的应用,因此一些数学论文的作者们都无一例外地在论著中谈到了与此类似的一些问题。

## 正弦值表

所谓的正弦值是三角学里的一个概念,这个概念在公元5世纪的印度已经逐渐发展成熟，而阿里耶波多则对正弦值表的构建和改进作出了自己突出的贡献。公元前140年，希腊天文学家喜帕恰斯（Hipparchus）已经做出了一个表格，给出了一个半径为3 438的圆的不同的圆心角所对应的弦的长度。写于公元5世纪的印度天文学论著《悉昙多》中，给出了一个更有用的"半弦"表格，半弦长在里面被称为"jya-ardha"，或简称为"jya"。在一个半径为3 438的圆中，对于每一个角度的值，表格中都会列出相当于这个角度两倍大的圆心角所对应的弦长的一半的长度。这个"jya"的概念，翻译成阿拉伯文就变成了"jiba"或者"jaib"，然后被翻译成拉丁文称为"sinus"，这就是现代所谓的正弦函数。

在他的书的引言中，阿里耶波多给出了一个现在被称为"正弦差"值的列表，用这张表就可以计算0°—90°之间24个角的正弦值，每一个相邻的角度之间的差都为$\frac{90°}{24}$。也就是说，每个角的角度分别为$\theta_1=\frac{90°}{24}=3\frac{3°}{4}$，$\theta_2=7\frac{1°}{2}$，$\theta_3=11\frac{1°}{4}$，…，$\theta_{24}=90°$，与之相对应的半弦长可以通过下面的公式得到，$\sin(\theta_n)=D_1+D_2+\cdots+D_n$，或者$\sin(\theta_n)=\sin(\theta_{n-1})+D_n$，其中的$D_n$就是第$n$个正弦差值。除了列出24个正弦差值以外，阿里耶波多还给出了一条可以用来直接计算正弦值的公式。他的方法相当于使用了$\sin(\theta_n)=\sin(\theta_{n-1})+\left[\sin(\theta_1)-\frac{\sin(\theta_1)+\cdots+\sin(\theta_{n-1})}{\sin(\theta_1)}\right]$这条公式。此外，他还介绍了如何计算这24个角的正矢值，也即计算公式$1-\cos(\theta)$的值的方法。虽然《阿里耶波多历数书》中并没有给出任何的图表或是表格，但是包含24个角度的正弦值、正弦差值以及正矢值的表都被称为阿里耶波多正弦表，之后很多的数学和天文学论著中也都收录了这张表。

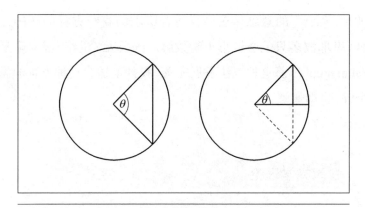

阿里耶波多计算了两倍角的半弦长,而并没有直接计算每个角所对应
的弦长。

## 代数学的进步

　　在公元5世纪的印度,数学这个词只包含了算术、几何以及三
角学这几个方面的内容。而有一群数学家则在数学中引入了代数
的方法来解决方程问题,阿里耶波多就是其中的一位。对行星运
行轨道周期性的研究需要对一次不定方程进行解答,所谓的一次
不定方程就是 $ax + by = c$ 这种形式的方程,其中 $a$、$b$ 和 $c$ 都是整
数系数。《阿里耶波多历数书》中给出了一套系统的代数计算方
法来解答这些方程,这是目前为止历史上最早的解决此类问题的
记录。在以几百年前希腊的数学家亚历山大学派的欧几里得和丢
番图的计算方法的基础上,阿里耶波多使用欧几里得法则,反复把
系数更小的方程代入已知方程。然后他从最后得到的方程的结果
回溯到原始方程,再创造出方程的新的解。这种反复使用系数更
小的方程将原方程化简的方法被称为库塔卡(Kuttaka),照字面翻

译就是"碾碎"的意思。在寻找适合所求的直线方程的解的过程中,阿里耶波多只关心最小正整数解。到公元7世纪,婆罗摩笈多（Brahmagupta）将这种方法发展完善,找到了适合这种方程的无穷多个解,也即通解。

 ## 天文学理论

阿里耶波多最受争议的观点,就是在几何学中具有革命意义的理论,他将这些理论收录在《阿里耶波多历数书》中"球的测量"这一部分里。当时流行的观点认为,地球是一个球体并且位于宇宙的中心,他对这个观点表示赞同。但对地球是一个静止的物体,星星围绕着地球自东向西不停地运转这个理论,他则表示反对。相反他认为,星星是固定在天空中不动的,而地球在沿着自己的轴不停地自转,是地球的自转运动导致了我们在地球上所看到的星星的运动,这是他的基本观点。阿里耶波多解释,当一个人坐在船里沿着河顺流而下的时候,他（她）会发现原本在岸上固定不动的物体看起来在沿着相反的方向进行运动。同样的相对运动原理也适用于地球的自转,当地球在自己的轴上自西向东旋转的时候,那些原本固定不动的星星看起来就像在沿着相反的方向进行运动。这个自转的理论受到的争议颇多,几百年间,有很多注释者都将阿里耶波多文章中的这一部分内容不断改写,努力想使它能与地球不动论的观点保持一致。

与地球自转相联系,阿里耶波多还讨论了不同地点的观察者对星星和太阳的不同感受。他认为,站在北极点上的一个人会观察到天空中一半的星星,而站在南极点上的另一个人会观察到天空中另外一半星星。除此之外,这两个站在两极点的观察者看到的星星旋转的方向也是相反的。他还认为,在地球赤道上的人,每天都能有半天时间可以看见太阳。相反的,在南极点或是北极点的人有6个月能一直看见太阳,而剩下的6个月则在黑夜中度过。他进一步设想,如果一个人站到了月亮上,那么这个人在阴历中有半个月的时间能一直看见太阳,剩下的半个月则看不到。

阿里耶波多的宇宙理论,接受了当时流行的观念,认为太阳、月亮和行星都沿着一定的轨道围绕着地球进行运动。他支持本轮均轮轨道的理论,这个理论认为,每个天体都在一个小圆轨道上不断进行旋转,与此同时它们还沿着一个大圆轨道围绕着地球运动。他给出了一些复杂的公式,用这些公式就可以来确定每个行星在大圆轨道上的具体位置以及它们在轨道上的周期性偏差,前者称为行星的平均经度,后者则称为星星的真实经度。

根据印度教的宗教教义,宇宙生命中"一天"的概念,由一个天体运动经历的基本年数来决定,这个基本年数被称为一个大由迦(mahayuga),它的长度相当于所有行星在不同的轨道上运行,最终排成一行所需要的时间。阿里耶波多给出了一个大由迦相当于432万年的这样一个传统值。以此为基础,他确定在这样一段时间中,地球会自转1 582 237 500圈,而月球则会绕地球轨道运行57 753 336圈。他还确定了水星、金星、火星、木星和土星在每一个大由迦中完成的轨道圈数。根据这些数值的比例可以得出,一年的长应该是365天6小时12分30秒,而一个恒星(朔望)月的长度应该是27天9小时30分55秒。现代天文学家们无法知道阿里耶波多在当时是如何得到如此精确的天文比例值的。

在《阿里耶波多历数书》中关于天文学的两个部分里,阿里耶波多还正确解释了其他一些现象。他描写道:太阳和恒星都会自己发光,而月球和行星则是通过反射太阳的光而发亮的。在这个理论的基础上,他解释了月食中月球的消失,其实是月球、地球和太阳暂时形成了一条直线,月球正好运行到了地球造成的阴影中的缘故。同样,他解释道:当月球正好运行到了地球和太阳中间的时候,月球的阴影投射到地球上就形成了日食。除此之外,他还利用太阳、月球和行星绕各自轨道运行一周所需要的时间值,来估算出每个行星运行的轨道的半径。

 ## 第二本天文学论著

公元550年,在阿里耶波多临死之前,他写出了第二本更加细致的论著,讨论数学和天文学方面的问题,书名是《阿里耶波多文集》。在这部作品中,他解释并倡议人们采纳他的"子夜系统"(ardharatrika),在这个系统中,一个历日的时间由一个子夜到另一个子夜之间的时间来确定。这个记日系统会使每一天的时间长都统一不变,而传统上使用的记日方法,是根据一个日出到另一个日出经历的那段时间来计算的,这样每天的时间长度就都是不一样的,计算起来没有他提出的新系统方便统一。他还对行星的距离以及平均运动的速度进行了重新地估算,修正了他在之前的那本论著中得到的一些数值。除了这两个革新以外,研究者们对于这本已经失传的手稿的内容几乎一无所知。

**结语**

1975年4月19日，印度第一颗人造卫星升空，这颗人造卫星被命名为"阿里耶波多"，正是表达对这位伟大人物的尊敬和纪念。

很少有一本数学和科学论著，可以经历成百上千年依然保持其重要意义和使用价值。《阿里耶波多历数书》就是一本印度教的学者们坚持保存了10多个世纪的著作，这充分显示了这本数学与天文学的杰作过硬的质量与重要的价值。虽然出于对传统人物的尊敬，人们将那个时代的很多新发现、新思想都统统归到他的头上，现在可以确认的阿里耶波多的原创成果其实并没有那么多，但是不可否认的是，阿里耶波多的革新之处，包括提出了第一个字母记数的系统以及地球自转这样一个饱受争议的理论。除了这些原创的发现以外，他还促进了正弦表的使用，推动了解答方程的代数方法的发展，找到了一个更加精确的 π 的值，获取了一些行星运动的精确比例，还提出了其他一些在他那个时代最先进的数学和天文学思想。

# 七 婆罗摩笈多

（598—668）

## 数值分析之父

婆罗摩笈多（Brahmagupta）是印度最著名的天文学家和数学家之一，他在天文学、算术、代数学、几何学以及数值分析领域都作出了杰出的贡献。他的两本关于天文学和数学知识的经典著作在印度得到了广泛的应用，也是将印度的记数系统传播到阿拉伯世界的重要工具。他算术计算中使用负数和0的概念，这是目前所知的最早提出这些概念的著作。婆罗摩笈多还发展出了一套复杂的代数学方法，用来解答一次不定方程和二次不定方程的问题。在几何学中，他提出了关于圆内接四边形的定理和公式。另外，他所修

婆罗摩笈多写作的内容涵盖了数学里的各个领域，包括整数的计算、圆内接四边形以及逐次逼近法计算等。图中是现在保存在乌贾因天文台（Ujjain Observatory）的石质六分仪的一部分，婆罗摩笈多在这个天文台里走过了自己的整个研究生涯（迪诺迪亚创意图片库/图片工作室）。

订的估算平方根和角的正弦值的方法,则开创了数值分析的新领域。

公元598年,婆罗摩笈多出生于印度的北部。他和他父亲伊斯努笈多(Jisnuguta)的名字中最后两个字都是"笈多"(gupta),这两个字暗示了他们家族很可能是当时吠舍氏(Vaisya)的成员,即当时平民阶层中的一员。他一生中大部分的时光都是在比拉马拉(Bhillamala)度过的,也就是现在的拉贾斯坦邦(Rajasthan)的阿布山(Mount Abu)附近的宾马尔(Bhinmal)城。那些给他的作品作注释的数学家们称他为比拉马拉卡亚(Bhillamalacarya),也就是"来自比拉马拉的老师"的意思。他还被任命为宫廷天文学家,最终,他成为当时印度数学和天文学研究的最高机构乌贾因天文台的主管。

## 《婆罗摩修正体系》(梵天天文学体系的改进)

在婆罗摩笈多30岁的时候,他写了一本名为《婆罗摩修正体系》(Brahmasphutasiddhanta)的书,这是一本关于天文学与数学的书。书名意思是"梵天天文学体系的改进",它还有一个更有名的名字是"宇宙的开始"。这是一系列《悉昙多》(系统的天文学著作)中的一部。所谓《悉昙多》就是印度天文学家们所写的天文学著作,主要内容包括确定天体运动路径与具体位置的规则以及角的正弦值表等。婆罗摩笈多全部使用梵语进行写作,书的内容也是按照当时最传统、最常用的长诗体形式编排的,这使得读者更容易理解和记忆书中所描述的方法。与他之前的作者们所做的工作一样,他也将前辈们的作品进行了重新整理,把它们有机地整合在一起,这使得他的书中有很大一部分内容都是对之前的一本著作所做的纠正和拓展,这本书的书名是《梵天悉昙多》(梵天的天文系统)。

　　《婆罗摩修正体系》的正文部分一共有24章内容,在一些翻译本中,还在最后增加了第25章,其中包括了一些数据表格。婆罗摩笈多一开始写的初稿其实只有前10章的内容,后来在这些内容的基础上,他才又增加了后面14章的内容。名为Dasadhyayi的前10章内容探讨的主要问题都是天文学家们非常感兴趣的话题。其中第1章和第2章描述了太阳、月球和当时已知的行星的轨道,同时给出了确定它们平均经线和实际经线的方法。第3章介绍了解决行星绕日运动三大难题的方法,也就是确定了每个天体在一年中任意一天的具体位置、运行方向和运动时间。第4章和第5章则给出了预测日食和月食的方法。第6章提出了确定偕日升与偕日落的法则。所谓的偕日升与偕日落,就是指在某个特定的时间由于行星恰好运动到太阳背后产生行星消失的现象,在行星消失之后它的第一次升起就称为偕日升,而在消失之前的最后一次落下就被称为偕日落。在第7章和第8章的初稿中,婆罗摩笈多给出了预测月相和朔望变化周期的方法。第9章和第10章则给出了其他一些方法,在行星与行星以及行星与主要的恒星之间排成一行的时候,用这些方法就可以确定行星具体的交会点。

　　在后面增加的14章内容里,婆罗摩笈多探讨了天文学和数学方面的一些命题。他浏览了之前的天文学家们所写的论著,然后给一开始所写的10章中的6章增加了一部分材料,这些增加的内容主要讨论了天文模型的使用,此外还总结了整个作品的摘要。增加的后14章里有整整4章的内容以及另外1章中的一部分内容,都是关注数学里的特殊问题和方法的。第12章的题目是《论数学》,讨论了算术和几何的问题。名为《库塔卡》(代数学)的第18章,则介绍了解决几个经典方程的代数学方法。第19章,《论日晷》,描述了使用垂直的杆子来确定距离的三角学方法,这样垂直的杆子就称为日晷。而其他的一些测量技术则出现在第20章中,这一章的题目是《论度量》。第21章名为《论球体》,其中有7节内容讨论了弧的测量以及球面三角学中的其他一些命题。

除了收集与整理印度历代天文学家所得到的认识、定理和方法以外,婆罗摩笈多还提出了一些前卫的思想,这在当时的科学领域中处于领先的地位。虽然他接受了当时常规(但有缺陷)的理论,认为地球是宇宙的中心,太阳、月球和其他行星都是围绕地球运动的,但是他提出了自己对地球大小的估算值,他得到的地球周长为5 000由加那(yojanas)(约等于36 000千米),这是对原有的估计值巨大的改进。他还给出了计算出的一年的长度:365天6小时5分钟19秒,这个值与一个恒星年(地球绕自己轨道旋转一周所用的时间)的精确长度相比仅仅少了4分钟。

全印度的天文学家们对《婆罗摩修正体系》这本书开展了广泛的研究,在此后的两个世纪里,它一直被认为是天文学领域中最权威的作品。在公元8世纪的后期,伊斯兰教的学者们把它翻译成阿拉伯文并给它起了另一个名字:《印度天文历表》。后来西方世界的人们对这部作品的了解,正是通过这部阿拉伯语译本。直到1817年,亨利·C.科尔布鲁克(Henry C.Colebrooke)才首次将这本书的梵文原著翻译成了英语。

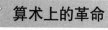

## 算术上的革命

《婆罗摩修正体系》中关于数学的4章半内容,全部讲述各种各样的结论和方法。就像他在书中讨论天文学的那部分内容中所做的那样，婆罗摩笈多也在数学界的前辈们得出的经典结论的基础上，将自己原创的思想与方法有机地融合进去，才终于完成了这部分关于数学的内容。

在题为《论数学》的第12章中，婆罗摩笈多给出了关于"财富"（正数）、"债务"（负数）和"萨雅"（sunya）（0）的算术演算法则。他将0定义为一个数与它本身相减得到的结果。他的法则规定：任何数加上0或减去0，这个数的结果不变，而任何数与0相乘都得0。他的法则还规定，两个负数的乘积是正数，而0减去一个负数的结果是一个正数。虽然历史学家们并没有把对0和负数概念的发现归功于他，但是迄今为止，他的《婆罗摩修正体系》确是历史上最早的一本在算术运算中使用到0和负数的数学著作，这本书确实是一部里程碑式的作品。

婆罗摩笈多还试图通过解决0的除法问题来拓展算术运算法则的范围，他定义任何数除以0都得到一个分母为0的分数，而只有0比较特别，它本身除以0的结果仍为0。人们一直都无法对这个错误的规则进行合适的解释，直到公元12世纪，印度数学家婆什迦罗第二（Bhaskara Ⅱ）引入了无限大的概念以后，这个问题才得到解决。尽管存在这样那样的错误，数学家们仍然坚持认为，婆罗摩笈多所提出的0和负数的运算法则在算术理论的发展过程中是一座重要的丰碑。

在同一章里，婆罗摩笈多还分析了很多用来完成算术计算的方法。他给出了郭穆特里卡（gomutrika）的4种方法，所谓的郭穆特里卡就是指多位数的乘法，例如342×617。这4种方法类似于现代的笔算的方法，主要的不同之处在于第二个因数的各位数写成了可以得到中间结果的形式。他还准确地给出了计算数列 $1+2+3+\cdots+n$，$1^2+2^2+3^2+\cdots+n^2$ 和 $1^3+2^3+3^3+\cdots+n^3$ 的和的经典公式，他知道它们的和分别是 $\dfrac{n(n+1)}{2}$，$\dfrac{n(n+1)(2n+1)}{6}$ 与 $\left[\dfrac{n(n+1)}{2}\right]^2$。通过小数计算，他解释了如何利用"三分率"来解决比例的问题，以及如何把繁分数化成简分数的方法。婆罗摩笈多还解决了复利的问题，并且阐明了各种计算的方法在其他方面的应用。

公元8世纪后期，伊斯兰教学者们把《婆罗摩修正体系》翻译成了阿拉伯文，这部手稿中的算术部分有力地证明了印度的十进制记数系统在计算上所占有的优势，阿拉伯世界很快就接纳这套系统，并融入了自己的数学体系中。他们将数字"萨雅"重新命名为阿拉伯语中的"零"（zifr），后来欧洲的数学家们又把它翻译成拉丁文中的"零"（zephirum），随后又被译成英文中的"零"（Cipher 或 Zero）。但是阿拉伯数学家却并没有同时接受负数的概念。直到公元16世纪，欧洲的数学家们才彻底理解了负数的概念，这充分说明公元7世纪早期，婆罗摩笈多和他的印度同行们在数学领域所处的领先地位。

## 新的几何学方法

除了解释算术的规则和方法以外，婆罗摩笈多还写了一些几何方面的内容。他介绍了3个关于圆内接四边形的新结论，所谓圆的内接四边形就是指4个顶点都在一个圆上的四边形。他给出了一个公式（被后人称为婆罗摩笈多公式）用来计算这类图形的面积：如果这个四边形的4条边分别为 $a$、$b$、$c$ 和 $d$，$s = \dfrac{1}{2}(a+b+c+d)$ 表示四边形的半周长，那么这个圆的内接四边形的面积应该是 $A = \sqrt{(s-a)(s-b)(s-c)(s-d)}$。这个公式是对类似的一个计算三角形面积的公式的推广，而那个公式是公元1世纪由希腊数学家亚历山大学派的海伦（Heron of Alexardria）发现的。

婆罗摩笈多还介绍了计算圆内接四边形的两条对角线长度的公式。他指出，其中一条对角线的长度 $l_1 = \sqrt{\dfrac{(ab+cd)(ac+bd)}{(ad+bc)}}$，而另一条对角线的长度则应该为 $l_2 = \sqrt{\dfrac{(ad+bc)(ac+bd)}{(ab+cd)}}$。他通过列举一个4条边长分别是 $a=52$、$b=25$、$c=39$ 和 $d=60$ 的圆内接四边形的实例，说明了这个计算面积和对角线长度的公式的实际应用。根据这条公式，他得到这个四边形的面积为 1 764，而两条对角线的长度分别为 $l_1=56$ 和 $l_2=63$。

他还发现了一条法则，现在被称为"婆罗摩笈多定理"，适用于对角线互相垂直的圆的内接四边形。这条定理的内容是：在圆内接四边形 ABCD 中，如果 $\overline{AB}$ 垂直 $\overline{CD}$ 于点 E，那么过 E 点且垂直于 $\overline{AB}$ 的直线平分对边 $\overline{CD}$。

正如婆罗摩笈多在他书中提到的其他方法一样，他只是给出了这个定理但没有证明其正确性。通过上面这张图中展示的内容，我们就可以得到一个简单的证明，其中角1、角2、角3和角4相等，角5、角6、角7和角8相等。大部分历史学家推理认为，婆罗摩笈多很可能已经对他所得到的结论进行了证明，并传授给了自己的学生和与他同时代的人们。他们甚至认为，为了使其中的内容更容易被记忆，《婆罗摩修正体系》中只是以诗歌的形式写出了这些结论和方法

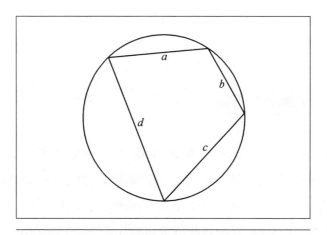

婆罗摩笈多推导出了计算圆内接四边形面积的公式。

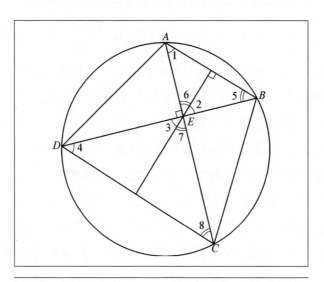

婆罗摩笈多定理是关于对角线相垂直的圆内接四边形的定理。

的简单摘要而已。但其他一些历史学家则对这个问题持不同意见，他们认为，婆罗摩笈多和他那个时代的数学家们可能只是在经过大量实例的验证以后，就接受了这些理论和公式，并没有经过严格的证明。

## 代数学的方法

在《库卡塔》(代数学)的第18章中,婆罗摩笈多介绍了解决4种方程的先进的代数学方法。照字面解释,"库卡塔"的意思就是"碾碎",这个意思准确表达了他所介绍的这种方法的能力和效果。婆罗摩笈多把红色、绿色和蓝色名称的首字母用在描述确定二次方程一个根的程序中。套用现代的代数表示法,他提出的方法所得到的方程 $ax^2 + bx = c$ 的一个根就应该是 $x = \dfrac{\sqrt{4ac+b^2}-b}{2a}$。这个结论与现代的二次方程公式给出的两个根其中的一个是相一致的。通过解决这样的方程,他得到了关于负数和无理数的正确结论。

婆罗摩笈多第一个提出了一套系统的运算步骤,用来确定 $ax + c = by$ 这种形式的不定方程的通解,其中 $a$、$b$ 和 $c$ 是整数系数。这些有无限多个整数解的不定方程的通解的得出,在天文学中产生了一些问题:在一个天体循环(如行星的公转)中,某事件持续的时间与它在另一个天体循环中持续的时间是不同的。于是天文学家们将这个问题进一步简化到寻找一个数 $N$,使得 $N$ 满足两个不定方程:$N = ax + d$ 和 $N = by + e$,其中已知整数 $a$、$b$、$d$ 和 $e$ 的值,用这个 $N$ 的值来求另一个独立的方程 $ax + c = by$ 的解。他还使用"欧几里得法则"来寻找 $a$ 和 $b$ 的最大公约数,这种方法最早是由古希腊数学家欧几里得和丢番图提出的,后来在公元5世纪,印度数学家阿里耶波多对其进行了改进与提高。他将这套步骤中得到的中间结果与求原始方程的解答联系在了一起。婆罗摩笈多对他的前辈们的工作进行了拓展和延伸，他得出：如果方程的一个解为 $x=p$、$y=q$，$m$ 代表了整个整数解集的分布，那么此时公式 $x=p+mb$，$y=q+ma$ 就表示了原方程的通解。作为一个实例分析，他利用方程 $137x+10=60y$ 的一个解 $x=10$、$y=23$，导出了方程的其他解，其中包括 $x=10+60=70$、$y=23+137=160$ 和 $x=10+2\times60=130$、$y=23+2\times137=297$ 等。通过对这些一次不定方程的解答以及对它们的天文学成因的研究，婆罗摩笈多得到了这样一个结论：天空中所有的行星两次排列成一行的时间间隔应该为 43 200 万年。印度天文学家称这段时间为"劫"（kalpa），他们相信，经过一个所谓"劫"之后，或者说经过宇宙的这一基本时间段之后，像"天体连珠"这样的天文事件就会再次发生。

在这部分关于代数的章节里，他还介绍了第二类不定方程也即二次不定方程的解法，所谓二次不定方程是 $ax^2\pm c=y$ 这种形式的方程，其中 $a$ 和 $c$ 都是整数系数。虽然他并没有完整得到计算这种方程通解的方法，但是他介绍了一种运算步骤，通过这一系列步骤的演算就可以将他在书中所提到的每一个实例求得无穷多个解。他向他同时代的人们提出挑战，让他们找出方程 $92x^2+1=y^2$ 的最小整数解，他声称，只有那些能够在一年之内解决这个问题的人才有资格被称为数学家。在提出了这个挑战题目之后，他就给出了他自己的解答方法。首先他找到一个与原方程相联系的方程 $92x^2+8=y^2$，很明显这个方程的最小整数解为 $x=1$、$y=10$，然后他就介绍了如何在这个解的基础上有效地推算出原方程所需要的解 $x=120$、$y=1$ 151 的方法，这种方法后来被人们称为"婆罗摩笈多方程"。除了这个特殊的例子以外，他还论证了这一著名方法的广泛适用性，不管是像 $11x^2+1=y^2$ 这种有比较简单的解 $x=3$、$y=10$ 的方程，还是像 $61x^2+1=y^2$ 这样最小整数解是 $x=226\,153\,980$、$y=1\,766\,319\,049$ 的很困难的方程，只要运用这个方法都可以得到解决。公元17世纪，数学家约翰·佩尔（John Pell）发现了这种形式的方程所有情况的完整解答，后来这种方程就被称为"佩尔（Pell）方程"，但是实际上，早在600年前的公元11世纪，印度的数学家阿查亚·佳亚戴瓦（Acarya Jayadeva）就已经完成这样的工作了。

在解决了二次不定方程的基础上，婆罗摩笈多又进一步探讨了估算平方根的方法。为了求正数 $N$ 的平方根，他使用方程 $Nx^2+1=y^2$ 的解作为一个逐次逼近的重复过程的开始，最终得到 $\sqrt{N} \approx \dfrac{y_i}{x_i}$，其中 $x_i=2x_{i-1}y_{i-1}$、$y_i=y_{i-1}^2+Nx_{i-1}^2$。这个历史悠久的方法与牛顿-拉福生方法其实是一致的，而后者则是由约瑟夫·拉福生（Joseph Raphson）直到1690年才

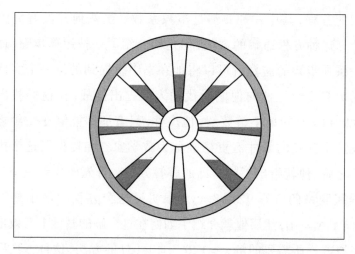

婆罗摩笈多试图设计一种永动机，这种永动机通过半充满水银的中空的轮辐来带动轮子转动。

首次提出，并由艾萨克·牛顿爵士进行改进而最终得到的，他们的方法给出的近似计算的数列是 $z_i = z_{i-1} - \dfrac{z_{i-1}^2 - N}{2z_{i-1}}$，或者进一步化简得到 $z_i = \dfrac{z_{i-1}}{2} + \dfrac{N}{2z_{i-1}}$。

　　在《婆罗摩修正体系》数学部分的其他内容里，介绍了别的一些重要的思想。在一些地方，婆罗摩笈多使用了近似值 $\pi = \sqrt{10}$，这个值在之前很多印度数学家的手稿里就已经出现过。他还写到了这样一个定理：如果两个数都可以写成两个平方的和的形式，那么这两个数的乘积也可以写成两个平方的和的形式。他所描述的内容也可以用下面这个等式来表示：$(a^2+b^2)(c^2+d^2) = (ac-bd)^2 + (ad+bc)^2$，这个等式被人们称为"婆罗摩笈多恒等式"。除此之外，他还给出了最早的对永动机的描述。他所设计的永动机包括一个轮辐中间为空腔的轮子，每一个轮辐里面都装了一半的水银。在设计这个轮子的时候，他错误地认为在旋转过程中，一些轮辐里的水银会上升而另一些轮辐里的水银则会下降，这样就可以使轮子永远旋转下去。

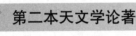

## 第二本天文学论著

　　公元665年，婆罗摩笈多67岁，这一年他写出了天文学和数学方面的第二本著作《肯达克迪迦》（Khandakhadyaka）。对于那些在《悉昙多》（体统的天文学论著）中提到的天文学中典型的几何模型与理论，例如他自己之前的那部作品中的内容，在这本"卡拉那"（karana）（天文手册）中并没有得到更加完善的发展，这本书只是包含了一些简单的内容陈述。前8章概述了阿里耶波多的教义，但并没有对其内容做任何的改动或增补。他还对已经在《婆罗摩修正体系》的前10章中提到过的很多相同的命题重新进行了表述,使得命题更简练,这其中包括日食和月食、行星的升降与会合、新月的大小与取向以及主要恒星和星宿位置的确定等。

　　婆罗摩笈多还给这个摘要增加了一个附录,名为《郁多罗肯达克迪迦》。他重新修订了阿里耶波多的正弦表,这个表给出了从 $3\frac{3}{4}^\circ$ –90° 之间间隔为 $3\frac{3}{4}^\circ$ 的24个角的正弦值,以及被称为"正弦差"的相应的两个角的差值。接着,婆罗摩笈多又给出了一条差值公式,用这条公式就可以计算表中没有被列出的任意一个角度的正弦值。他用 $x_i+\theta$ 来代表这个要计算的角,其中 $x_i$ 是表中已经列出的一个角,而 $\theta$ 则是一个小于 $3\frac{3}{4}^\circ$ 的差值,于是他就得到以下这个公式

$$\sin(x_i+\theta) \approx \sin(x_i) + \frac{\theta}{2\left(3\frac{3}{4}\right)}(D_i+D_{i+1}) - \frac{\theta^2}{2\left(3\frac{3}{4}\right)^2}(D_i-D_{i+1}),$$ 用它

就可以估算这个角的正弦值,其中 $D_i$ 是第 $i$ 个正弦差的值。当时用来计算的基础是一个半径为3 438的圆,如果用3 438去除这个结果,就能得到一个与现代三角学中正弦函数很接近的值。这个准确而复杂的公式其实是一个特例,它的更一般的形式就是牛顿-斯特灵(Newton-Stirling)差值公式,这个公式是艾萨克·牛顿爵士和苏格兰数学家詹姆斯·斯特灵(James Stirling)在公元18世纪得到的。他的这个公式和计算平方根的逐次逼近法,标志着数值分析学的大门从此被打开了。数值分析是数学的一个重要分支,它与用来估算方程的解或函数的值的迭代运算法则密切相关。作为目前所知道的逐次逼近法最早的创造者,婆罗摩笈多被人们誉为"数值分析之父"。

　　除了提出这条差值公式来估算一个角的正弦值以外,婆罗摩笈

多还通过介绍一个代数学公式给出了另一个不同的近似值。从与他同时代的印度天文学家婆什迦罗第一（Bhaskara Ⅰ）的作品中,他得到了另一条公式 $\sin(\varphi) \approx \dfrac{4\varphi(180-\varphi)}{40\,500-\varphi(180-\varphi)} \times 3\,438$。虽然这与他的"二重差分公式"相比精确度要差一些,但是它更容易计算并且也能得到相对准确的近似值。

公元668年,完成《肯达克迪迦》3年之后,婆罗摩笈多离开了人世,终年70岁。5个世纪以后,印度最伟大的天文学和数学家婆什迦罗第二（Bhaskara Ⅱ）对这位曾对他的作品有着极其重要影响的人物大加褒奖,称他为迦尼塔–查克拉–珠陀摩尼,意思是"数学界的宝石"。

 **结语**

婆罗摩笈多通过他的教义以及两本著作《婆罗摩修正体系》和《肯达克迪迦》,使印度的数学和天文学水平又迈上了一个崭新的台阶。在他死后的5个世纪里,他的继承者们进一步发展了他的思想,包括关于0和负数的计算规则,解答一次不定方程和二次不定方程的方、圆内接四边形的几何结论以及计算三角函数的逐次逼近法等。他对数学发展的重要影响已经超越了国家的界限,向全世界显示了当时印度教记数系统的先进之处。通过将他著作的阿拉伯文译本以及脱胎于他的著作的阿拉伯学者们的作品翻译成拉丁文译本,欧洲数学界最后才终于接受了这一记数系统。在他离开人世很多个世纪以后,欧洲的数学家才又重新独立地发现了婆罗摩笈多大部分的方法、公式和定理。

# 八 阿布·贾法尔·穆罕默德·伊本·穆萨·花剌子米

（约800—847）

## 代数学之父

穆罕默德–花剌子米讨论二次方程解决方法的论著开启了代数学研究的大门（索弗创意图片库/东方创意图片库）。

阿布·贾法尔·穆罕默德·伊本·穆萨·花剌子米（Abū Ja'far Muhammad ibn Mūsāal-Khwārizmī）是巴格达的"智慧馆"（House of Wisdom）里最伟大的数学家。他富有开创性地论证了如何解答二次方程，开启了代数学研究的帷幕。他在著作中介绍了如何使用印度的十进制记数系统，在历史上产生了巨大的影响，使得后世的人们都称这种记数系统为"阿拉伯数字"，而在英语中表示这种记数方法的单词"算法"也是来自他姓名的拉丁文翻译。作为一个实践科学家，他制作了先进的天文历表以及更准确的世界地理地图集。他还讨论了各种不同的命题，写出了内容多样的学术论著，例如犹太教历法、星盘的制作和运转、日晷的使用以及他们那个时代的政治史等。他的两部重要数学作品被翻译成了各种文字在整个欧洲广泛传播，影响了此后整整8个世纪的数学的发展。

## 早年生活

花剌子米这个名字意味着他的家族来自中亚的花剌子模
（Khwārizm），但是历史学家们则普遍认为，他出生于或者至少成长在
现在伊拉克的巴格达附近。他出生于公元800年之前，死于公元847
年以后，目前尚无法确定具体的时间。

公元813—833年，伊斯兰帝国的领袖阿尔玛门哈里发王
（Caliph al-Ma'mun）聘请花剌子米为巴格达智慧馆的一员。在这个
学习中心，学者中的领袖们将希腊与印度的哲学家、数学家和其他
科学家们创作的经典著作翻译成阿拉伯文。在这样浓厚的学术氛围
中，花剌子米写出了在代数、算术、天文和地理领域都占据重要地位
的著作，另外他还写了一些讨论历法、星盘、日晷和历史方面内容的
作品。

## 代数学方面的文章

花剌子米最伟大的作品就是《代数学》（还原法与对消法计算
总集）这本数学书。"Al-jabr"这个词意思是"还原"或者"恢复"，
这里指把负项移到方程另一端"还原"为正项的方法，这种方法通常
用来给方程一边被减去一个量的部分再加上这部分的量，把它恢复
成原来的量。"wa'l-muqabala"这个词的意思是"对消"或"化简"，

指方程两端可以消去相同的项或合并同类项的方法,这一步骤通常在方程两边都有一个相同部分的时候才会使用。例如在他的书中,花剌子米在方程 $x^2 = 40x - 4x^2$ 两边同时加上了 $4x^2$,使得方程变成更加简单的形式 $5x^2 = 40x$。同样的,他在方程 $50 + x^2 = 29 + 10x$ 的两边同时减去 29 将方程化简,得到了一个等价的方程 $21 + x^2 = 10x$。

这本书共分为 3 个部分,每一部分都分别介绍了初等实用数学的一个方面。在对印度记数系统进行了一个介绍性的评论之后,他在书中的第一部分也是最著名的部分里介绍了解决一次和二次方程的代数方法。在书的第二部分里,花剌子米则探讨了一些几何学方法,包括确定多边形各边长的方法、计算圆和别的二维图形面积的方法,以及计算球体、圆锥体、立方锥体和其他三维图形体积的方法。然后他又解释了如何在实际应用中使用这些概念,例如在土地的测量以及开凿运河中使用等。书中的第三部分也是最长的部分,花剌子米介绍了一些在实际生活中需要使用到算术知识的情况,例如安排遗产、诉讼、合伙经营以及日常商业交易等。

整本书花剌子米都遵循了希腊数学家解释数学问题的传统,那就是使用语言而不是用数学符号来表示。在一次方程的问题里,他使用"谢伊"(shay)这个词来代表一个未知量,这个词的本义是"东西";他又使用"迪拉姆"(dirham)这个货币单位来代表测量的一个单位。在二次方程中,他使用"摩"(mal)这个词来代表未知数的平方,用"及多"(jidhr)这个词来代表未知数本身,前者的本意是"财富"或"财产",而后者的本意是"根"。

花剌子米使用这种修辞方法定义了方程的 6 种标准形式,这样就可以代表和解决书中出现的所有问题了。在现代代数的标记法中，我们使用变量 $x$ 代表未知数，使用 $a$、$b$ 和 $c$ 代表整数系数，而他在书中提到的这几种标准形式就分别是现在的一次方程或者叫直线方程中的一大类：

$$bx = c$$

二次方程或者叫平方方程中的 5 类：

1. $ax^2 = bx$

2. $ax^2 = c$

3. $ax^2 + bx = c$

4. $ax^2 + c = bx$

5. $ax^2 = bx + c$

在现代代数标记法中，这 6 种方程的表示形式都可以总结为 $ax^2 + bx + c = 0$ 这个形式，其中的系数 $a$、$b$ 和 $c$ 可以是正数、负数和零。花剌子米之所以将这些方程分成了 6 个形式而并没有归纳到上面这一条，是因为当时的他还没有认识到负数的存在以及 0 作为系数的使用，这些概念在当时的数学界并没有得到广泛的传播，直到 8 世纪后期才逐渐被人们所认可。

对于第 6 种形式的方程 $ax^2 = bx + c$，花剌子米在书中得到的解翻译成现代代数表示法应该是 $x = \sqrt{\left(\frac{1}{2}\left(\frac{b}{a}\right)\right)^2 + \left(\frac{c}{a}\right)} + \left(\frac{1}{2}\right)\left(\frac{b}{a}\right)$，这也是他在阐述问题中使用这种表达法而必然会产生的复杂性的一个典型标志。通过一系列实例，他解释了如何使用还原法和对消法来化简其他任何一种方程，包括这 6 种形式中一种的根和平方。

花剌子米使用这种代数方法的一种几何形式来解决有 3 个项的二次方程问题，这种方法现在被称为"配方法"。例如要解答 $x^2 + 10x = 39$ 这个方程，他先作了一个每边长都为 $x$ 的正方形。然后他又在正方形的每条边外面各加上一个矩形,矩形的长为 $x$,宽为 $\frac{5}{2}$。这个正方形和4个矩形的面积的和就应该是 $x^2+4\left(\frac{5}{2}x\right)=x^2+10x$,而从之前给出的方程中我们可以知道这个面积的值应该为39。接着他又在这个图形的4个角上填入4个小正方形,每个小正方形的边长都为 $\frac{5}{2}$,这就又给这个图形加上了 $4\left(\frac{5}{2}\right)\left(\frac{5}{2}\right)$ 这么多的面积。那么最后得到的就是一个各边长均为 $x+5$ 的大正方形,它的总面积为39+25=64。于是他就得到了他的最终解答,他推理出这个大正方形的面积应该是 $(x+5)^2=8^2$。如果不考虑负数解的话,那么这个方程的解就应该是 $x+5=8$,也即 $x=3$。

这本书的代数部分的结尾有一个名为"论经营贸易"的简要的部分,在这个部分里,花剌子米介绍了"比例法"。在这种类型的问题中,卖家或是买家已知一定量货物的价格,他们利用相当的比例来计算不同量的相同的货物的价格。他还解决了在这个问题基础上有所变化的一个例子,在这个例子里,两种价格和其中的一个量是已知的,我们需要做的是确定另一个数量使其满足这个等式。

在创作这本数学著作的过程中,花剌子米从希腊、印度和希伯来数学家的类似作品中吸取了大量的营养。虽然与这些经典作品中很多类似的内容相比,他写的大部分内容和其中的一些方法显得更加初级和基础,但是他解答二次方程的方法的完整性和他主要的还原法与对消法的有效性,使得这本书迅速被人们承认和接受。阿拉伯数学家采纳了他操作与解答方程的方法,同时把他的书作为标准的数学教材使用了几个世纪。

12世纪,英国数学家彻斯特的罗伯特(Robert of Chester)和意大利数学家克雷莫纳的格赫雷德(Gherard of Cremona)将花剌子米花刺子米使用了配方法的一种几何形式来解答方程$x^2+10x=39$。

的书翻译成拉丁文译本,将他的代数方法传播到了欧洲。从此以后,他所使用的表示方程的描述方法,就成为代数学中的标准表达法,其中包括"谢伊"(shay')和"摩"(mal)这两项,在拉丁文中它们被翻译成"科莎"(cossa)和"森塞斯"(census),直到数学家弗兰索瓦·维特(Francois Viete)在16世纪推广使用字母来表示变量和系数的代数表达法以后,这种表述方法才逐渐被新的方法所取代。他的书对中世纪欧洲的数学产生了十分强烈的影响,以至于数学的这门分支学科的名字"代数学"也是从这本书标题中的"al-jabr"这个短语得来的。在自己的作品中把代数学当做数学的一门独立的分支学科来讲授,花刺子米是历史上的第一人,因此,后来的人们也尊称他为"代数学之父"。

关于算术的文章

花剌子米写的第二本数学书是讨论印度教记数法的使用。尽管这本书最早的阿拉伯语版本已经失传,但是它的拉丁文译本《阿尔哥思齐米论印度数字》(Algoritmi de numero Indorum)(花剌子米讨论印度的计算艺术)流传了下来,至今依然是十分著名、十分重要的作品。这本书最初的名字现在已经无法确定,但是翻译家们还是提出了两个可能的标题:《印度加减法之书》或《使用印度记数法来计算之书》。这本书介绍了阿拉伯人从印度教教徒那里学来的十进制记数系统,这个记数系统使用1—9这9个数字和0这个记号来代表任何一个正整数值。在这个有重要意义的记数系统中,相同的代号可以用来代表一个特定的个位数,或者代表那么多组的10、100或者10的任何一个次方。例如,在数字7 267中,最左边的数字"7"代表了7 000,而最右边的那个7则代表了7这个个位数。

在介绍了如何使用这些印度教的数字来代表数值之后,花剌子米又继续探讨了如何进行各种直接的算术计算,这些计算都是以简单的整数加、减、乘和除作为开始的。他还介绍了如何使用分数和带分数来进行四则运算。由于六十进制,或者说像$23+\dfrac{7}{60}+\dfrac{4}{60^2}$这样的以60为底的分数,在天文学运算中非常实用。花剌子米又介绍了印度教教徒是如何使用它们进行写作和计算的。除此之外,他还介绍了估算平方根和立方根的步骤。为了验证算术计算的准确性,他详细介绍了"舍九法",又介绍了如何使用"试值法"与"双重试值法"来给代数问题提供纯算术的解答。在整本书的内容里,他使用了多种多样的方法来解决各种各样的实际问题。

　　这部作品中的数学内容并不是花剌子米自己原创的,他的贡献在于,清楚而透彻地解释了如何使用这个记数系统来完成这些最常用和最有效的算术计算。在介绍使用印度教数字的好处的阿拉伯语作品中,这是第一本系统说明并且极具说服力的论著,使得这本书具有开创性的重要性。由于这本书的影响,印度教数字在伊斯兰帝国得到了极其广泛的使用。这部书的拉丁文译本启发了许多欧洲的数学家,使得他们写出了自己对这个记数系统和计算体系表示支持的论著,他们包括塞维利亚的约翰(John of Seville)、萨克罗博斯科的约翰(John of Sacrobosco)和列奥纳多·菲波那契(Leonardo Fibonacci)。他们共同说服了欧洲数学界与商业界,放弃了传统的罗马数字而开始使用这更有优势的记数系统。花剌子米的名字也与印度教数字的使用联系得越来越紧密,使得欧洲人很自然地称这样的数字为阿拉伯数字,他们还称使用这些数字来计算的任何一种方法为算法,"算法"这个词的英文写法则是来自花剌子米名字的拉丁文形式。最终,"算法"这个词的意思扩展到了任何一种解决问题的系统方法,即使并不需要算术。

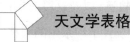

## 天文学表格

　　与智慧馆相似,阿尔玛门哈里发王在巴格达创立了一个天文台,在那里,花剌子米和一群从事各领域研究的天文学家在一起工作。他们跟踪太阳全年运行的轨迹,并精确测量出黄赤交角为23°51′，这比希腊天文学家亚历山大学派的塞翁（Theon of Alexandria）在公元4世纪得到的在当时被广泛接受的值更加精确。通过细致的天文观察，巴格达的天文学家们可以对伊斯兰帝国中的很多城市确定更加精确的经纬度坐标。利用这些坐标，他们可以使用中心点在赤道上的立体投影制作出一幅已知世界的详细地图。

　　花剌子米最伟大的天文学成就是制作了一套用处更加广泛的表格，被人们称为《印度的天文历表》。这份历表的大部分内容是在《婆罗摩修正体系》这本书中收录的类似的表格基础上得来的，这本书是印度天文学家婆罗摩笈多在公元7世纪创作的，阿拉伯的翻译者将这本书的阿拉伯译本命名为《Zij al-sindhind》，其中"sind"这个词与巴基斯坦一个地区的名字相关联，而"hind"则是阿拉伯语中对于印度的称呼。他还从卷帙浩瀚的公元2世纪的作品《天文学大成》（最大的资料汇编）中借用了大部分内容，这是由希腊天文学家克劳迪亚斯·托勒密（Claudius Ptolemy）所创作的，他又从阿拉伯天文学家巴列维（Pahlavi）在更晚一点的6世纪完成的作品《沙赫的天文历表》中吸取了大量知识。对于当时的七大天体——太阳、月球、水星、金星、火星、土星和木星，花剌子米给出了它们平均运动的表格和一张关于方程的表格。他还解释了如何使用这些信息计算一年内任何一天中各个天体的具体位置和运行轨迹，以及这段时期的平均位置、远地点的位置和近地点的位置。他设计了一系列的表格，使用其中的信息就可以计算出日食、太阳的黄道偏角、视差、赤经和月相的具体内容。为了使天文学家能够完成必需的运算，他给出了细致的三角学表格，表格中每隔 $\frac{1}{150}^{\circ}$ 给出一个角度的正弦和正切的值。这部作品还包含了以球面三角学为基础的占星历表和占星内容。

这些表格是现存的最古老、保存最完好的阿拉伯天文学作品。虽然在随后的3个世纪中,很多阿拉伯天文学家对这些表格进行了改进,但是在伊斯兰的学校中还是一直把花剌子米的作品作为天文学教学标准。在12世纪,克雷莫纳的格赫雷德写出了《托莱多天文表》的拉丁文译本,里面包含了花剌子米作品中的天文学表格以及其他阿拉伯天文学家的表格。此后的100多年间,欧洲大地的天文学家们都广泛地使用这本历表的合集来进行他们的研究。

## 地理学作品

在与地理相关的领域中,花剌子米也写出了一部名为《诸地形胜》(地形之书)的著作。在表格化的编排形式中,这本厚重的作品一共列出了2 400座城市、山峦、大海、岛屿、地区与河流的经纬度。它们的位置被分成了7组"克利玛塔"(climata)——从大西洋东部一直延伸到太平洋的水平带。对2世纪托勒密的地理观,他在这部作品中进行了改进。托勒密在自己的作品中曾经描述了一幅世界地图的画面,他使用的是一个关于主要城市和地理地貌的具体坐标的列表。花剌子米在他的作品中使用了托勒密描述的欧洲地形的具体坐标,同时加入了自己对伊斯兰帝国各个地方具体位置的更精确的观察。这本书将已知的信息合并成几幅地图,用来描述已知世界的不同地区。

花剌子米的地理作品在伊斯兰世界被广泛使用了好几个世纪。

后来由于天文学家们得到了更精确的资料，他们才在维持原来的内容架构不变的基础上更新了这些坐标，并制作出了地图的改进版本。中世纪欧洲的天文学历表整合了花剌子米对伊斯兰城市的坐标和地形地貌的描述，但是直到19世纪后期，他的整部作品才被完整地翻译出版。

 ## 其他学科的作品

除了在数学、天文学和地理方面的主要作品以外，花剌子米还创作出版了别的学科的作品。这些作品要么没有得到广泛传播；要么没有在各自的领域中以突出的方式促进知识的进步；要么没有被后来的学者们改进和发扬。但它们中的任何一部在各自的学科中都堪称是精准和优秀的论著。他所有作品的全部内容都向人们展示了这样一个事实，那就是他拥有广阔的知识面以及在各门学科中都有权威作品的过人实力。

这些相对次要的作品中唯一被完整保留下来的作品就是《犹太教纪年精粹》。在这本书中，花剌子米介绍了犹太教日历，这是一个以19年作为一个循环的天文历法。他解释了在这个系统中确定不定的日期的规则以及如何将犹太教记年系统中的日期与罗马和伊斯兰系统中的日期进行换算的方法。这部作品还收录了确定太阳和月亮在犹太教日历中任意一天的位置的方法。

作为一个实践科学家，花剌子米写了两本关于星盘的书。星盘是希腊人发明的通过测量地平线与星星的角度来确定人在海上的位置的工具。两本书分别名为《制作星盘之书》和《使用星盘之书》。

其中《制作星盘之书》已经完全失传了，而《使用星盘之书》还有一小部分有幸被保留了下来。这两本书很可能是在早期的希腊和阿拉伯论著的基础上完成的，但也被后来别的一些阿拉伯作品所取代了。由于在接下来的两个世纪中，天文学家们改进了星盘的设计，这两本手册也变得陈旧过时而被自然淘汰了。

花剌子米写的另一本小作品名叫《当代编年史》。这本政治史描绘了他们那个时代的伟大人物的生活概况。在这本书中，他利用自己对天文学知识的了解，解释了这些伟人个人的星盘是如何决定了他们一生中的这些重大事件的。

花剌子米其他的失传作品，我们只能在其他作者提供的参考文献中了解到它们的存在。他写过一本关于日晷的书——《论日晷之书》，但对它的内容我们一无所知。另外一本论球面三角学的阿拉伯文手稿中的部分内容被认为是他创作的，但是它们之间的关联到现在还不能肯定。花剌子米可能还写了一本关于时钟的书，但是提到这本书的参考文献很模糊且并不可靠。

## 结语

花剌子米是第一个功绩卓著的阿拉伯数学家和天文学家。他关于代数、算术、天文和地理的著作集合了希腊和印度学者们得到的成果，并在他们的基础上进行了改进和完善。在整个伊斯兰帝国，这4部作品中均被公认为权威论著并且被使用了数百年。12世纪，他的两本数学书被翻译成了拉丁文，这两本书对欧洲数学的发展产生了极其重要的影响。它们最终使得印度-阿拉伯计数系统被人们所接受，也确立了代数作为数学中一门独立的分支学科的重要地位。他对数学与天文学知识的整合与提升在这两门学科中都产生了长久而深远的影响。

# 九 奥马·海亚姆

（约1048—1131）

数学家、天文学家、哲学家和诗人

在西方世界，奥马·海亚姆（Omar Khayyam）一直是以一位伟大的波斯诗人而闻名于世的，他曾经写出了著名的诗集《鲁拜诗集》。但是在自己的祖国，他一生中被更多人所记得的，则是在数学与天文学研究中取得的伟大成就。他一生写了4本数学书，确定了三次方程的14种类别，并且介绍了解答这14类三次方程的几何方法。他还发明了一种方法，使用二项式的系数来估算一个整数的 $n$ 次方根。在试图改进欧几里得的平行线公设的时候，海亚姆证明了

奥马·海亚姆发展出了解决代数方程的几何方法，对前人创立的历法系统进行了改进，他研究天文学，同时还是一位诗人（科比斯创意图片库）。

一系列定理，这些工作被人们认为是对非欧几里得几何学最早的研究。他关于比例的论著将希腊数学家和阿拉伯数学家们发现的定理统一在了一起。除了他的诗作和数学作品，他还写了讨论音乐理论、存在主义哲学和天文学知识的著作，还创制了一套历法系统，其中对

111

一年实际天数的测算是当时最精准的。

## 早年生活

奥马·海亚姆的全名是吉亚斯丁–阿布–法斯–奥马–本–易卜拉欣–内沙布里–海亚姆（Ghiyāth al-Dīn Abu'l-Fath 'Umar ibn Ibrāhīm al-Nīsābūrī al-Khayyāmī），"吉亚斯丁"意思是"信仰的帮助"，这是人们在他晚年时候送给他的荣誉称号。"奥马"（'Umar 也拼作 Omar）是他自己的名字。"本–易卜拉欣"表示他的父亲叫易卜拉欣。"内沙布里"则表明他来自内沙布尔（Nishapuran），或者籍贯是内沙布尔，内沙布尔是当时霍腊散省（Khurasan，在现在的伊朗东北部）的省会城市。"海亚姆"是制造或经营帐篷的一种职业，说明他的父亲或祖辈是从事这种工作的。

海亚姆的出生日期并不确定，阿布尔–哈桑–白易哈齐（Abu'l-Hasan al-Bayhaqī）是一位比较了解海亚姆的波斯历史学家，他给海亚姆做出了他个人的星盘，使用的是1048年5月15日那天的星相，他认为这天就是海亚姆的生日。大部分历史资料的描述都不是很确切，说他的生日从1038年到1048年的都有，甚至有些资料还认为他应该出生得更早一些，在1017年或1023年就已经出生了。

年轻的时候，海亚姆在内沙布尔学习古兰经和穆斯林传统，师从当世哲人莫瓦华克阿訇（Imam Mowaffak），莫瓦华克阿訇是霍腊散受人尊敬的一位智者。在这所学校中，海亚姆和尼扎姆·莫尔克（Niz m al-Mulk）成为好朋友，莫尔克的父亲是鞑靼人苏丹托洛兹别克（sultan Toghrul Beg the Tartar），他是塞尔兹克王朝（Seljukian dynasty）的创始人，是当时波斯帝国的统治者，也是历史上第一个苏丹（Sultān）。经过了这几年的学习，海亚姆对哲学、数学和科学知识有了十分广泛的了解，随后他成为一名家庭教师，在富有的法官领导家里教书谋生。

后来在苏丹阿尔普·阿尔斯兰（Sultan Alp Arslan）统治期间，莫尔克成了高官，负责管理政府事务，他说服苏丹每年给海亚姆1 200密黄金的津贴。这份津贴使得海亚姆可以独立承担在数学和科学方面的研究。在这段时间里，海亚姆写出了3本书，每本书里都提出了一些开创性的理论。

## 关于算术、代数和音乐的早期作品

海亚姆最早的作品是一本名为《算术问题》（Mushkilat al-hisab）的算术书。这本书已经失传了，我们仅可以从另外两本资料中得知其中的内容，一个是海亚姆在后来创作的一部作品里所参考的其中的部分内容，另一个则是阿拉伯数学家纳西尔·艾德丁·图西（Nasir al-din al-Tusi）在他的书《算板与沙盘算术方法集成》中给出的详细介绍。在印度人已经发展出的估算正整数各个次方根方法的基础上，海亚姆在自己的算术书中又引入了一个崭新的方法。他利用在欧几里得的《几何原本》中提到的代数证明，论证了他所提出的方法的正确性。通过图西的介绍，我们可以知道，为了估算一个正整数的 $n$ 次方根，海亚姆确定了一个最大的可能的整数 $a$，使得 $N \geq a^n$，然后通过公式

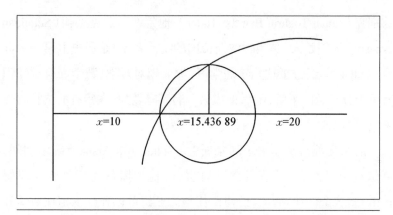

海亚姆使用几何方法解答了三次方程 $x^3 + 200x = 20x^2 + 2\,000$，他通过寻找圆 $(x-15)^2 + y^2 = 25$ 和双曲线 $y = \dfrac{\sqrt{200}\,(x-10)}{x}$ 的交点来确定方程的一个正根。

$\sqrt[n]{N} \approx a + \dfrac{N - a^n}{(a+1)^n - a^n}$ 得到了它的近似值。为了更高效地计算出这个公式中分母的值，海亚姆使用了二项式的展开公式 $(a+1)^n = a^n + na^{n-1} + \dbinom{n}{2}a^{n-2} + \dbinom{n}{3}a^{n-3} + \cdots + 1$ 中的一个二项式系数的表以及构成帕斯卡三角基础的循环率，即 $\dbinom{n}{k} = \dbinom{n-1}{k} + \dbinom{n-1}{k-1}$ 来帮助自己的计算。由于在当时代数的指数标志和二项式系数的标记还没有发明出来，他只能使用语言来解释这些思想。

　　海亚姆的第二本数学书是一本没有标题的论著，他在里面讨论了一些代数学方面的内容，这本书被保存了下来并被翻译成波斯文、俄文和英文出版。在这本书中，他对有正数根的多项式方程进行了分类。所谓三次方程就是指最高次项的指数是三次方的方程，他分类的基础是方程中较低次方项是否存在正系数以及这些系数的排列顺序，根据这些，海亚姆将三次方程分成了14种形式。除了只有两个项的方程 $x^3 = c$ 以外，他还列出了6种含有三个项的方程：

$x^3 + ax = c$，$x^3 + c = ax^2$，$x^3 = ax^2 + c$，$x^3 + bx = c$，$x^3 + c = bx$，$x^3 = bx + c$，此外还有 7 种含有 4 个项的方程：$x^3 + ax^2 = bx + c$，$x^3 + bx + c = ax^2$，$x^3 + bx = ax^2 + c$，$x^3 + ax^2 + c = bx$，$x^3 + c = ax^2 + bx$，$x^3 + ax^2 + bx = c$，$x^3 = ax^2 + bx + c$。他在书中记载了早期数学家已经给出的用尺规法来解决其中 4 种方程的方法，此外，他还为读者展示了为了找出其余 10 种方程的几何解法所做的研究。

在海亚姆这本无标题的代数书中提到的内容，在当时属于最领先部分的莫过于他对某个三次方程的解法。对于方程 $x^3 + 200x = 20x^2 + 2\,000$，他描述了确定它的一个正根的几何方法，这个方法论证了方程所求的根就是圆 $(x-15)^2 + y^2 = 25$ 和双曲线 $y = \dfrac{\sqrt{200}\,(x-10)}{x}$ 的交点。他估算的这个根的近似值 $x \approx 15.436\,89$，这个近似值与精确值只有不到 1% 的差距。海亚姆在自己的注释中说，由于这个解答方法需要使用到立方项，因此这个方程不可能通过一个更加基本的尺规作图法来解决。这一敏锐地发现是目前所知的关于三次方程可解答性的最早论断，同样的结论欧洲的数学家们直到 17 世纪才独立研究出来，但是这一论断的正确性一直到 19 世纪才被人真正成功地证明。

海亚姆还写了一部关于音乐理论的著作《论四度音程包含的种类》。这部作品提出了一个希腊与阿拉伯的学者们争论了 13 个多世纪的经典问题，那就是如何将一个四度音程划分成 3 个音程的音调，即自然音程的音调、半音程的音调和等音程的音调。他们已经确定了 19 个与四度音程有着同样比率的音程，海亚姆又发现了另外 3 个比率，并评价了所有这 22 个音调的美学价值。他在这本书中对经典的问题作出了原创性的贡献，同时也展示出了对自己国家以及其他文明国家的学者们的熟悉程度,对那些经典的理论都已经烂熟于胸。

 ## 三次方程的几何解答

1070年左右,法院院长阿布·塔希尔(Abu Tahir)邀请海亚姆成为他在撒马尔罕(Samarkand)的宫廷的常驻学者。有了这份慷慨的赞助和支持,海亚姆写出了第三本数学著作,名为《还原与对消问题的论证》。在标题中提到的两个方法是代数学中的基本方法,阿拉伯的著名数学家花剌子米在9世纪曾经写过一本具有开天辟地意义的书——《代数学》(还原法与对消法计算总集),在这本书里花剌子米就曾介绍过这两种方法。在海亚姆的书的前言里,他给出了对代数学的最早的定义之一,在定义中具体说明了代数学研究的目的,那就是通过已知的整数或是测量值之间的数量关系,来确定要求的方程的整数和分数的解。他解释了代数学最基本的关注点应该是解答从物理情形中产生的实际问题,这些问题包括距离问题、面积问题、体积问题、重量问题以及时间问题等。由于他当时并不知道这套理论在超出三维空间的情形中是否还有效,因此这本书只讨论了一次方程、二次方程和三次方程这三类方程的问题。

在他后来著名的作品《见闻录》中,海亚姆终于完成了对三次方程的几何解答的全部工作,对这个问题的研究工作,他在之前提到的那本无名的数学书中就已经开始了。对于所确定的这14种三次方程的形式,他分别介绍了如何建立一个圆和一个双曲线或是一个圆和一个抛物线的组合，使这两个图形的交点正好等于所求的方程的一个根。他讨论了方程解的几种情况：方程没有根、方程有一个根、方程有两个等根以及方程有两个不等的根，但他并没有认识到三次方程也存在有 3 个不等的根以及有 3 个相等的根的可能性，例如，$(x-1)(x-2)(x-3)=0$，就有 3 个不等的根，而方程 $(x-1)^3=0$ 就有 3 个相等的根。他把所研究的情况限定在有正系数和正数根的方程中，因为当时的数学家们还没有接受负数的概念。尽管有这样那样的不足，但是数学家们还是对他的《见闻录》评价很高，因为它是第一本对所有三次方程的几何解法都给出了系统介绍的专著。另外，在这本书中他还最早提出了三次方程的根可能不止 1 个的思想，同时还反复强调了三次方程不可能用简单的尺规作图解答出来的这一论断。

## 历法的改良

1073 年，托洛兹别克的孙子杰拉勒丁·马利克沙（Jalal al-Din Malik-shah）继承了苏丹王位，建立了伊斯法罕（Isfahan）城作为帝国的首都。海亚姆接受了新苏丹的邀请，在伊斯法罕创建了一座天文台，并在那里工作了 18 年，取得了卓越的成就。在那里，他聚集了一大群当时很优秀的天文学家，他将他们组织在一起共同编辑了《马利克沙天文表》。这部作品包含了天空中 100 颗最亮星星的星表以及黄道坐标表，用这张表可以表示一年内不同的时期太阳升起和落下的具体位置。

遵照马利克沙的指示，海亚姆带领了 8 个天文学家组成的研究小组,试图创立一套新的历法,从而使这套历法比当时使用的波斯人和穆斯林的历法更加精确。1079年,在这个项目进行5年之后,海亚姆创制出了一个被称为"杰拉勒纪元"(al-ta'rikh al-jalali)的历法,表达了他们对苏丹的崇敬。他所创制的这套历法的基础是一个33年的循环,其中包括8个有366天的闰年和25个有365天的普通年。这样,这套历法中平均一年的天数是365.242 4天,每过5 000年才误差1天,已经相当精确。海亚姆的历法系统不但代表了当时天文历法发展的新纪元,而且比现行的格里高利历(即公历)也要更加精确,后者是1582年创立的,它每过3 330年就误差1天。

 ## 平行线和比例

在天文台进行天文项目的研究期间,海亚姆还发展出了一套新的数学思想。1077年,他出版了第4本数学作品,名为《辨明欧几里得公设中的难点》。这部作品一共3卷,在第1卷中海亚姆提出了一组共8个命题来取代欧几里得的平行公设。他假设,已知两条直线均垂直于同一条直线,如果它们在这条直线的另一侧相交,那么对称的,它们必然也会在另一侧相交。根据这个结果,他推论这两条垂线不可能相交也不可能分叉,这两条直线之间的距离必然保持相等。连接这两条垂线上长度相等的两条线段的端点,他就得到了一个四边形,海亚姆使用这个四边形证明了接下来的几个命题,包括他证明欧几里得的平行线公设的第8个命题。虽然海亚姆的逻辑推理滴水不漏,但是他在推论的一开始就使用了一个在逻辑

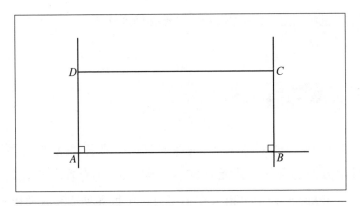

海亚姆使用这幅图来"证明"欧几里得的平行线公设,这比后来的萨凯里四边形(Saccheri quadrilateral)要早600年。

上与平行线公设等价的假设。尽管有这样的缺陷,但是他在前两个命题中推导出来的结论形成了非欧几里得几何理论的基础,这套理论是在19世纪由德国的本哈·黎曼(Bernhard Riemann)和俄罗斯的尼古拉·罗巴切夫斯基(Nikolai Lobachevsky)发现的。数学家们更愿意称海亚姆的四边形为萨凯里四边形,因为意大利数学家乔万尼·萨凯里(Giovanni Saccheri)在18世纪早期再次使用了这个图形并且用一套相似的推论过程对这个问题进行了论证。

在他讨论欧几里得数学思想的这本著作的第2和第3卷中,海亚姆又对比例和对比的理论进行了详细的讨论。欧几里得曾经写过一个关于比例的论著,但是在不可通约量的问题上讨论得并不完整。在9世纪,阿拉伯数学家马希尼(al-Mahini)在连分数的基础上将比例的理论补充完整。海亚姆证明了这两个比例的理论是等价的,同时还介绍了这两个等价的理论是如何使一个数和一个比例相乘的。和他的平行线理论一样,海亚姆在比例问题上做的研究影响了后来阿拉伯数学家的工作,但对欧洲数学发展的影响则微乎其微,因为直到19世纪，他的作品才被发现并被翻译到欧洲。

## 哲学作品

在天文台工作的那几年，应政府官员的要求，海亚姆还写了3本哲学方面的著作。公元1080年，他写了《论存在与责任之书》（Risala al-kawn wa'l-taklif），在书里讨论了世界创造和人类祈祷的责任。他的第二本著作名为《对3个问题的回答：世界上矛盾的必须性，决定论和寿命论》，对题目中提到的3个问题表达了多方面的看法。这段时期，他写了第3本哲学书《论存在的普遍性》，提出了关于存在的问题。他从别的哲学家的著作中吸收了很多内容，但是几乎没有对他们的观点表示反对和辩驳。此外他还写了两本哲学作品，名字分别是《一般科学中的推理之光》与《论存在之书》，这两本书都没有确切的写作日期。

1092年，苏丹马利克沙去世，他的继承人撤销了对天文台和一般科学研究的财政支持。为了说服他们重新支持数学、科学和天文学的研究，他写了一本名为《诺鲁兹那嘛》的书，描述了古代伊朗庆祝新年日出的诺鲁兹节（Nauruz）。在这本书中，他还介绍了历法的发展改良史，这是先前的统治者所提倡的，他在书里也对这些统治者进行了赞扬。但他的努力依然没有奏效，新任的统治者们还是不为所动。

1120年左右，海亚姆离开了伊斯法罕，来到塞尔兹克王朝的新首都梅尔夫（Merv），在那里他写出了两本混合哲学与物理知识的著作。在《智慧的天平》一书中，他给出了确定金银合金成分构成问题的代数方法。与阿基米德对"国王的王冠"这个类似问题的解法相似,他也描述了将合金浸入水里这个步骤,然后测量被合金取代的水的量,最后使用每种金属的比重来确定合金中各成分的比重。在《论真实重量》一书中,他描述了使用某种具有可变重量的特殊的秤来称重物的方法。他对这种物理情况的分析同样也是建立在阿基米德的天平和杠杆理论之上的。

 **鲁拜诗集(四行诗)**

　　海亚姆最广为人知的著作是他写的诗。目前为止还没有一本可以确认为他的诗集,这使得确定他的诗作和成诗时间很困难。他写了很多内容十分广泛的四行诗,每一首诗都叫作鲁拜(ruba'i),这是当时波斯很常见的诗体,这种诗的每一节都有一个aaba形式的韵脚组合,也就是第1、2、4句话押同一个韵,类似中国古代的绝句。这些诗歌的主题思想包括物质世界与精神世界的相互作用,还有善与恶、真理与公正、感官的乐趣、命运与天意、道德等内容,表达了他对生命意义的追求以及在感性世界中得到的快乐。

　　诗歌评论家认为,与他的哲学作品相比,海亚姆的诗歌作品能够更精确地反映出他的信仰。这些诗歌中流露出的反宗教的情绪把海亚姆摆在了一个与那个时代主要的波斯诗人极端对立的位置上,当时的波斯,宗教生活是人们日常生活的重中之重,所以他的诗歌表达了与主流文化格格不入的思想,并不被大众所接受。

　　在1859年之前,几乎找不到任何一本关于海亚姆诗歌的册子,直到那一年,英国作家爱德华·费茨杰拉德(Edward Fitzgerald)把

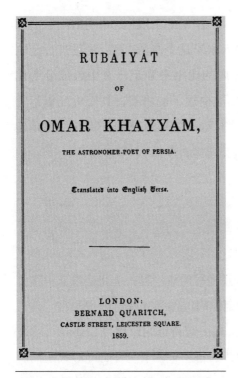

RUBÁIYÁT

OF

OMAR KHAYYÁM,

THE ASTRONOMER-POET OF PERSIA.

Translated into English Verse.

LONDON:
BERNARD QUARITCH,
CASTLE STREET, LEICESTER SQUARE.
1859.

*爱德华·费茨杰拉德（Edward Fitzgerald）编辑的海亚姆的诗集《鲁拜诗集》（四行诗），在19世纪晚期的西方文化界广为流传。*

海亚姆的75首诗翻译成了英文并以《鲁拜诗集》的书名出版发行。随后的1868—1889年之间，他又出版了4个内容更为丰富的版本，这几版书在整个英国和美国各地都很畅销。后来其他的翻译者以他的名字翻译出版了各种各样的诗集，随着越来越多诗集的发表，海亚姆的名气在西方世界也越来越大，这期间翻译的以他为作者的四行诗就多达1 100多首。文学界的专家认为，这些诗中大概只有120首可以确认是他本人所写的。

海亚姆在内沙布尔去世，但是历史资料对他去世的具体时间则存在争议。有些资料称他死于1123年或是1124年。但他从前的一个学生，撒马尔干的宽雅·尼扎米（Khwajah Nizami of Samarkand）则声称，在1135年曾经拜访过他的墓地，而那是在海亚姆去世4年以后。另一位历史学家则确认海亚姆死于1131年12月4日。在他的一首诗中，海亚姆写道，他希望死后被埋葬在北风可以将玫瑰花瓣吹撒到他的墓碑上的地方。在尼扎米（Nizami）的介绍中，海亚姆的墓碑就在一个花园的旁边，花园里果树伸出的树枝上有鲜花飘落下来，让他的墓碑上永远覆盖着美丽的芬芳。

## 结语

　　奥马·海亚姆是当时波斯学者的领袖之一，他在数学、天文学、哲学、物理学和诗歌领域都显得出类拔萃。他系统地给出了三次方程的几何解法；对欧几里得平行线和比例理论做出了重要注释。对于那些由古希腊学者创立又由几代阿拉伯数学家们进一步发展起来的理论，这些新进展都具有重大的推动作用。海亚姆的作品在阿拉伯世界以外一直难以得到，直到19世纪欧洲数学家独立发现并进一步拓展了他的大部分理论思想。当西方学者回头再审视他的作品的时候，认识到，阿拉伯学者们在数学领域得到的成就在当时多么的非凡。

# 列奥纳多·斐波那契

（约 1175—1250）

**印度-阿拉伯计数法在欧洲**

列奥纳多·斐波那契对将印度-阿拉伯计数系统介绍到欧洲起到了重要作用，同时也重新振兴了经典的希腊数学中的一部分重要内容（格兰杰收藏馆）。

列奥纳多·斐波那契（Leonardo Fibonacci）是中世纪欧洲最有才华也是最具有影响力的数学家。作为计算技术领域中的榜样，在把印度-阿拉伯计数系统介绍进入欧洲文化的过程中，他的著作扮演了极其重要的角色。他的书帮助欧洲人重新认识了希腊和阿拉伯先贤们发现的经典数学知识，同时对于数论——这一数学中的重要分支学科的发展起到了重要作用。而他最为人们所称道的成就，则是他在解决一个关于兔子的难题时所使用的一种数列，也就是著名的斐波那契数列。

## 早年生活

1175年左右，斐波那契出生在意大利的比萨（Pisa）。他的名字斐波那契的意思是"波那契的儿子"或是"波那契家族中的一员"。他出生以后,也常常被人们称为比萨的列奥纳多、列奥纳多·皮萨罗或是列奥纳多·皮萨尼。后来在他的作品中,他还经常称自己为俾格莱(Bigollo)或是俾格利(Bigoli),意思分别是"旅行者"或"笨蛋"。

斐波那契的父亲名叫威廉·波那契(Guilielmo Bonacci),是比萨共和国政府的秘书。比萨共和国位于意大利中部的托斯卡纳地区,亚诺河(Arno River)的岸边,是一座拥有1万人口的独立的城邦。1192年,威廉·波那契成为布吉亚(Bugia)海关的主管(这是比萨在北非海岸的一个贸易殖民地)。斐波那契少年时就跟随着父亲来到了布吉亚,在此后的10年间,又和父亲游历了地中海沿岸诸国的商业城市,希腊、土耳其、叙利亚、埃及、法国和西西里岛都留下了他年轻的足迹。父亲希望他能够成为一个商人,因此对他进行了系统的训练,斐波那契学会了洽谈合约、确定商品的真实价格和兑换不同国家货币的方法。

斐波那契从布吉亚的穆斯林导师以及游历过的那些地中海城市的学者那里接受了内容广泛的教育。除了毕达哥拉斯、欧几里得和阿基米德所发现的经典的希腊数学以外,他还认真学习了像阿里耶波多和婆罗摩笈多这样的印度学者们所取得的先进知识,另外,他还认真研读了阿拉伯学者们写就的与他那个时代更加接近的作品,例如穆罕默德·花剌子米和奥马·海亚姆的作品。他了解的这些印度和阿拉伯的数学知识中,有很大一部分的内容在当时的欧洲还不为人所知。

## 印度-阿拉伯计数系统

斐波那契意识到,当时的阿拉伯商人所使用的数学方法比欧洲大部分国家所使用的数学方法都要先进、优越。他们有一套更加有效的表示整数和分数的记数系统，他们可以对任何大小的数字进行操作，不仅可以进行笔算，还可以系统地检查工作是否准确。

　　大部分欧洲人使用罗马数字，这是约公元前500年左右在罗马帝国早期被人们所采用的一套记数系统，其中人们使用I、V、X、L、C、D和M这7个字母来表示1、5、10、50、100、500和1 000这几个数的值。这些字母标记组合起来表示这些字母代表的数值相加的和，例如CCLXVIII就表示100+100+50+10+5+1+1+1=268。某些字母对表示了减法，比如C的左边加X就表示"100差10"，而V前面是I就表示"比5少1"。按照这样的方法，DXCIV就代表500+（100-10）+（5-1）=594这个值。如果在一个记号上面加一个横杠或者在一个记号外面加一个括弧，就代表了这个数值1 000倍的值，如$\overline{V}$就代表了5 000，而（C）则表示100 000。

　　阿拉伯国家使用的则是另外一套记数系统，这是住在印度教教徒们在公元前300—公元700年间提出并发展的一套记数系统。在这套系统中，他们使用10个记号和不同的数位值来代表10的不同倍数的和。而我们现在所使用的0这个记号则用来表示某个位数上不存在这么大的一个值。这样一来，由于所在的位置不同，即使相同的标记也能表示不同大小的数值了，例如单个"4"就表示4，而"40"、"400"或"4 000"中的"4"由于所在的位数不同就不仅仅表示个位数4了，而是表示更大的数值。按照这样的表示法，4 304就表示了（4×1 000）+（3×100）+（0×10）+（4×1）这个大小的数值。阿拉伯国家接受了这个记数系统，修改了其中几个记号，创造出了我们现在很熟悉的数字：0、1、2、3、4、5、6、7、8、9，这些数字就是印度-阿拉伯计数系统的基础。

斐波那契意识到使用这种记数系统会使算术变得更容易。利用印度-阿拉伯计数法，他也系统地学会了如何进行加、减、乘和除的运算，以及如何在纸上进行演算并把计算过程记录下来。

## 《算盘书》

公元1202年，斐波那契回到比萨，在那里他写出了《算盘书》（Liber Abaci）。在这本拉丁文专著中，1—7章主要介绍了如何使用这套新的记数系统来进行算术计算。后8—11章介绍了使用这些计算方法可使常见的商业交易变得更加简单便捷。最后12—15章则介绍了算术、代数、几何和数论中的一些方法，以及这些方法是如何用来帮助人们解决各种日常问题和数学难题的。

在对印度-阿拉伯计数法的原理进行系统而有序的介绍中，斐波那契着重介绍了直接计算方法、错误检验方法和简便计算方法。他介绍了每隔3位把数字分成一组的方法，使读写数字更加方便也更加有序。接着他又介绍了如何对整数、分数和带分数进行加减乘除的四则运算。他还介绍了在加法和乘法中如何使用"手写图形"来暂时记录进位的位数。对所有的整数计算，他介绍了如何使用"除九校验"的方法来检验结果的正确性，在这套检验程序中，我们将得到的结果的各位数相加的和与加数中的各位数相加的和相比较，就可以判断结果的正确性。对于分数和带分数，他提出了一套记号，其中分数 $\dfrac{1}{2}\ \dfrac{5}{6}\ \dfrac{7}{10}$ 表示分数 $\dfrac{1}{2 \cdot 6 \cdot 10} + \dfrac{5}{6 \cdot 10} + \dfrac{7}{10}$ 的和，而带分数 $\dfrac{3}{7}\ \dfrac{12}{13}9$ 则表示 $\dfrac{3}{7 \cdot 13} + \dfrac{12}{13} + 9$ 的和。在算术部分的总结中，他介绍了如何把一个分数写成一系列单位分数的和的形式,也就是写成一系列分子为1的分数的和的形式,例如 $\frac{20}{33} = \frac{1}{66} + \frac{1}{11} + \frac{1}{2}$。

在《算盘书》第二部分的内容中,斐波那契介绍了在日常的商业贸易中,这套新的记数系统是如何给人们带来便利的,其中包括计算利息、计算利润、计算折扣、货币兑换、管理股份以及融资的问题。对每一类问题,斐波那契都使用之前那些章节中提到的适当的算术方法进行计算,同时还介绍如何在纸上进行这样的运算。斐波那契就像一位经验丰富的老师一样,每解释一个概念都要使用一个清楚的例子,给出自己完整而细致的解答。

这是一幅名为"算术方法"(Typus arithmeticae)的版画,作于1503年,描绘了波依修斯(Boethius)使用印度-阿拉伯计数法进行计算的样子,他的旁边是毕达哥拉斯在使用一个类似于算盘的记数板进行计算的画面。

这本书的最后4章内容提出了一些新的计算方法,对解决数学难题和更高级的任务很有帮助。第12章占据了整本书近1/3的篇幅,介绍了各种各样有意思的问题和谜语,这些问题都是斐波那契从早期的希腊、阿拉伯、埃及、中国和印度数学家的作品中引用的。这些趣味数学问题包括蜘蛛爬墙问题、狗追兔问题、农夫买马问题、确定棋盘上的米粒数或钱包里钱数的问题等。他介绍了试值法和双重试值法，同时还介绍了如何使用这些方法来解决这本书之前所提到的各个种类的问题。在最后一章中，他还介绍了花剌子米和欧几里得所发展的一些代数和几何方法。

《算盘书》是中世纪欧洲最具影响力的数学作品之一。斐波那契把使用印度-阿拉伯计数系统进行计算的原理解释得十分透彻，使用这些方法可以很简单地解决实际问题，他对这方面优势的论证也十分具有说服力。他的这本书和其他类似的作品相配合，说服了欧洲大陆上的商人、科学家、政府官员和教师们放弃了对罗马数字的使用，改用更有优势的印度-阿拉伯计数系统，进行几乎所有的计算和保持日常记录的工作。这部作品奠定了斐波那契在同时代的学者中的领先地位，使他成为当时最著名的数学家。

除了引入有用的计算方法和实用的数学问题以外，斐波那契在《算盘书》中还提出了两个原创的数学概念：单字母变量和负数的概念。在整本书的大部分内容里，他都遵循了希腊学者的传统，那就是用语言来表述每个方程，把未知量称为"res"，也就是"东西"的意思。但从第9章开始，在解释计算的内容里，他使用独立的字母来表示未知的数字，而在解答几何问题的过程中，他又使用这些字母来表示一些长度。这是到目前为止使用单个字母的变量来表示一般量的最早的实例。在解答"人与钱包"问题的时候，在一个相对较小的数减去一个更大的数得到的结果中，他使用了负数的概念，并且论述加上这么一个"借用"的量就相当于减去一个与这个数相对应的正数。虽然在13世纪晚期，大部分欧洲国家都接受了印度-阿拉伯计数系统，但是直到16世纪晚期，科学家们才逐渐广泛接受了这两个概念。

## 斐波那契数列

斐波那契的名字与一个无穷的数列联系在了一起,这个数列是用来解决《算盘书》中提到的一个有趣的数学问题的。这一系列数字:1、2、3、5、8、13、21、34、55、89…,遵循了一个很清晰的排列规律,那就是从数列中的第3项开始,每一项的值都等于前两项的和。例如,出现在数字5和8之后的那个数应该是5+8=13,而出现在数字34和55之后的那个数字应该是34+55=89。数学家使用这样的递推关系式来形容这样的规律:$F_n = F_{n-1} + F_{n-2}$,这个关系式也就表示了之前所说的那个"第 $n$ 项是前两项的和"的规律。

斐波那契使用这个数列来解答"一对兔子一年可以产生多少对兔子"的问题。这个问题要求解答者来确定,一个农民在以下情况中养一对兔子经过12个月可以得到多少对兔子:

一对成年兔子在每个月末可以生出一对小兔子。新出生的那对兔子在出生后第二个月的月末就和成年兔子一样可以生出它们的孩子。如果一个农民一开始养了一对兔子,那么经过一年以后他就有多少对兔子了?

这个数列的各项就给出了农民在每个月的月末拥有的兔子的对数。最开始的那对兔子($F_0=1$)在第一个月的月末生出了第2对兔子($F_1=2$)。到第2个月,小兔子长大成熟,而一开始的那对兔子又生了一对小兔子($F_2=3$)。到第3个月的月末,这两对成熟的兔子又生育出新的兔子,使得兔子的总数增加到($F_3=5$)。一般来说,每个月末增加的新生兔子的对数应该等于至少两个月大的兔子的总对数($F_n = F_{n-1} + F_{n-2}$)。根据这样的规律,斐波那契确定,在第12个月的月末，农民将得到 $F_{12} = F_{11} + F_{10} = 233+144=377$ 对兔子。

后来研究这个数列的数学家们在数列的一开始又增加了一个"1"，同时把各项重新编号，首项为 $F_1$。这些修改使得他们可以利用 $F_n = \dfrac{1}{\sqrt{5}}\left[\left(\dfrac{1+\sqrt{5}}{2}\right)^n - \left(\dfrac{1-\sqrt{5}}{2}\right)^n\right]$ 这条通项公式来计算"斐波那契数列"1，1，2，3，5，8，13，21…第 $n$ 项的值。

## 数学比赛

1220年，斐波那契出版了第二本书《几何实践》。在这本书中，他解答了平面和立体几何图形中的各种问题，包括长度、面积和体积的问题。斐波那契很注重解决实际问题，他在书中介绍了一些方法，可以帮助检测员来确定山脚下的一块土地的面积或是一棵大树的高度。他还介绍了计算平方根和立方根的方法，这种方法可以将答案精确到小数点后任意一位，另外他还介绍了计算多边形大小的方法，例如一个三角形内接一个正方形的问题。和他在第一本书中所做的工作一样，在这本书中，他也从希腊和阿拉伯数学家们所写的著作中吸收了很多内容。这本书还有9本抄写本保存到今天。

德意志王国和神圣罗马帝国的皇帝弗烈德大帝二世（Emperor Frederick Ⅱ）了解到当时还有斐波那契这么一位著名的数学学者，于是就要求斐波那契参加他访问比萨期间举办的一次数学竞赛。皇帝的幕僚巴勒莫的约翰（Johannes of Palermo）出了一套一共3个富有挑战性的难题，然后邀请一些著名的数学家来参加这次比赛。最后只有斐波那契把3个问题全部正确地解答了出来，而其他的参赛者则一个问题都没有答出来。

　　1225年，斐波那契在《解决一些数字、几何或者两者兼顾的问题的方法：从比萨的列奥纳多·俾格利之花开始》的书中，提到了解答比赛中这3个问题的方法。比赛中的第一个问题要求解答者寻找3个分数，使得它们的平方互相之间相差5个单位。用现代代数表示法来表示，就是要求寻找分数 $x$、$y$ 和 $z$，使它们满足等式 $x^2=y^2-5$ 和 $z^2=y^2+5$。他并没有解释是如何得到答案的，他只是说明了答案是 $x=\dfrac{31}{12}, y=\dfrac{41}{12}, z=\dfrac{49}{12}$。第二个问题要求寻找满足方程 $x^3+2x^2+10x=20$ 的 $x$ 的解。斐波那契知道希腊数学家欧几里得已经证明过没有一个整数或是分数满足这个方程。虽然他没有找到一个确切的答案，但是他还是给出了一个近似的解答 $x=1+\dfrac{22}{60}+\dfrac{7}{60^2}+\dfrac{42}{60^3}+\dfrac{33}{60^4}+\dfrac{4}{60^5}+\dfrac{40}{60^6}$。这个答案写成小数形式就是1.368 808 107 5…，这已经与准确答案十分接近了，小数点后前9位数与正确答案相吻合。第三个问题是3个人分钱的问题，其中一个人得钱数是总数的一半，另一个人的钱数是总数的1/3，第三个人的钱数是总数的1/6。斐波那契使用他在《算盘书》中提到的一个类似的"人与钱包"问题的解答方法，对这个看似复杂的问题进行了简单的解答。

## 《平方数之书》

　　1225年晚些时候，斐波那契出版了《平方数之书》(Liber Quadratorum)，他把这本书献给了国王。在这本关于数论的作品中，他介绍了未知数已经达到2次方的二次方程的解法。他还提出了一些生成无限多个毕达哥拉斯3数组的方法，这是满足方程 $x^2+y^2=z^2$ 的一系列的整数 $x$、$y$ 和 $z$。其中的一种方法是使用等式 $(a^2+b^2)(c^2+d^2)=(ac+bd)^2+(ad-bc)^2=(ac-bd)^2+(ad+bc)^2$。虽然希腊和阿拉伯数学家在好几百年前就已经写到了这个等式，但是人们还是因为斐波那契的作品才广泛了解了这个等式，因此它被人们称为"斐波那契等式"。

斐波那契还在书中介绍了一类被他称为相含数（congruum）的数字，这是一种满足下面这个公式的整数：$n=ab(a+b)(a-b)$（若 $a+b$ 是偶数）或 $n=4ab(a+b)(a-b)$（若 $a+b$ 是奇数）。通过一系列的逻辑证明，他发现了很多关于这些数字的性质，其中包括证明了所有相含数都可以被24整除以及相含数的平方根不可能是整数等。他证明如果 $y^2+n$ 和 $y^2-n$ 是完全平方数，那么 $n$ 就是一个相含数。他还介绍了自己是如何使用 $y=41$ 和 $n=720$ 这个结论来解决3个竞赛难题中的第一题的。

虽然斐波那契一生中最有名的作品是《算盘书》，但是后来的数学家们还是认为《平方数之书》是他取得的最重要的成就。《算盘书》向人们展示出他是一位表达能力很好的作家，他对希腊、阿拉伯和印度的经典数学知识都了如指掌。《平方数之书》则体现出经过20多年的努力，他已经成了一个在数学的各个领域都处于领先地位的数学家。在这本书中，斐波那契将前辈数学家在数论中得到的主要结论都有机地组织在一起，又加入了自己发现的其他方法和概念来拓展了这方面的知识。这使得《平方数之书》在此后的400多年间一直都是数论中最领先的作品。

**其他著作**

　　斐波那契还写了另外两本数学书，但都已失传。《更少的方法》是一本关于商业中的算术问题的书，与《算盘书》里中间部分的章节所讲的内容十分类似，在其中介绍了如何使用印度-阿拉伯计数系统来进行日常的商业贸易计算。他还写了一本书，对欧几里得的《几何原本》中第10章的内容进行了注释，在其中他提出了表示无理数的数学方法，拓展了欧几里得所提出的几何内容。给这本书作注释的其他作者们都提到了这本书，但是这本书没有任何一个副本流传下来，这本书确切的书名我们现在也无从知晓了。

　　1228年，斐波那契出版了经过修订的《算盘书》的第二版，他在里面加入了一些新的材料，同时也删掉了一些他认为不太重要的内容。这部著作一共有12个版本的抄本流传了下来，抄写的时间从13世纪至15世纪不等。但是由于1202年的原版并没有保存下来，因此无法确定这些抄本中哪些内容与原版不一致。斐波那契把1228年的版本题献给了迈克尔·斯科特（Michael Scot），他是当时几本科学教材的作者，同时也是国王的首席天文学家。

　　在斐波那契的晚年，他为比萨的政府工作，对他们在财政和会计上的事务提出自己的一些建议。1240年，比萨共和国授予他"卓越市民"的称号，除了日常工资以外，每年还给他一笔奖金。约在1250年，斐波那契离开了人世。

## 结语

斐波那契是中世纪最具有影响力的数学家。通过《算盘书》，他使欧洲人开始接受了印度–阿拉伯计数系统。他对负数和单字母未知量的使用在代数学中领先了好几个世纪。在他死后的4个世纪，他的《平方数之书》中提出的理论在数论领域一直处于领先地位。他使得欧洲人重新发现了希腊人和阿拉伯人曾经发现过的经典的数学问题。在过去的8个世纪中，他的数学难题的合集令数学家们着迷，不论是趣味数学书的作者还是正统数学书的作者都很喜欢。

从兔子问题中推导出的斐波那契数列1, 1, 2, 3, 5, 8, 13, 21, 34…，成了数学家和科学家研究的热点问题。他们已经确定数列中连续项的比例接近于黄金比例 $\varphi = \dfrac{\sqrt{5}+1}{2} \approx 1.618$，这是引起古希腊数学家极大兴趣的一个特殊的常数。1963年，研究斐波那契数、卢卡斯数和其他递归数列性质的数学家们，成立了斐波那契协会并创办了《斐波那契季刊》，公开发表他们的研究结果。